Cahiers de Logique et d'Épistémologie
Volume 13

La Périodisation en Histoire des Sciences et de la Philosophie

La Fin d'un Mythe

Volume 7
Echanges franco-britanniques entre savants depuis le XVIIe siècle
Franco-British Interactions in Science since the Seventeenth Century
Textes réunis et présentés par Robert Fox and Bernard Joly

Volume 8
D l'expression. Essai sur la 1ière Recherche Logique
Claudio Majolino

Volume 9
Logique Dynamique de la Fiction. Pour une approche dialogique
Juan Redmond. Préface de John Woods

Volume 10
Fiction et Métaphysique
Amie L. Thomasson. Traduit de l'américain par Claudio Majolino et Julie Ruelle

Volume 11
Normes et Fiction
Shahid Rahman et Juliele Maria Sievers, eds.

Volume 12
Conception et analyse des programmes purement fonctionnels
Christian Rinderknecht

Volume 13
La Périodisation en Histoire des Sciences et de la Philosophie. La Fin d'un Mythe. Edition et introduction par Hassan Tahiri

Cahiers de Logique et d'Épistémologie Series Editors
Dov Gabbay   dov.gabbay@kcl.ac.uk
Shahid Rahman   shahid.rahman@univ-lille3.fr

Assistance Technique
Juan Redmond   juanredmond@yahoo.fr

Comité Scientifique: Daniel Andler (Paris – ENS); Diderik Baetens (Gent); Jean Paul van Bendegem (Vrije Universiteit Brussel); Johan van Benthem (Amsterdam/Stanford); Walter Carnielli (Campinas-Brésil); Pierre Cassou-Nogues (Lille 3 – UMR 8163-CNRS); Jacques Dubucs (Paris 1); Jean Gayon (Paris 1); François De Gandt (Lille 3 – UMR 8163-CNRS); Paul Gochet (Liège); Gerhard Heinzmann (Nancy 2); Andreas Herzig (Université de Toulouse – IRIT: UMR 5505-NRS); Bernard Joly (Lille 3 – UMR 8163-CNRS); Claudio Majolino (Lille 3 – UMR 8163-CNRS); David Makinson (London School of Economics); Tero Tulenheimo (Helsinki); Hassan Tahiri (Lille 3 – UMR 8163-CNRS).

La Périodisation en Histoire des Sciences et de la Philosophie

La Fin d'un Mythe

Edition et introduction par
Hassan Tahiri

© Individual author and College Publications 2013.
All rights reserved.

ISBN 978-1-84890-097-7

College Publications
Scientific Director: Dov Gabbay
Managing Director: Jane Spurr
King's College London, Strand, London WC2R 2LS, UK

http://www.collegepublications.co.uk

Original cover design by orchid creative   www.orchidcreative.co.uk
Printed by Lightning Source, Milton Keynes, UK

All rights reserved. No part of this publication may be reproduced, stored in a retrieval system or transmitted in any form, or by any means, electronic, mechanical, photocopying, recording or otherwise without prior permission, in writing, from the publisher.

Table des matières

Préface..vii

**Introduction. La périodisation en histoire des sciences
et de la philosophie: la fin d'un mythe**..ix
Hassan Tahiri

Unité et complémentarité des sciences selon Ibn Ḥazm 1
Ahmed Alami

Models of Causality in Islamic philosophy 15
Catarina Belo

Les *Catégories*, al-Fārābī, Averroès.. 25
Ali Benmakhlouf

**Remarques comparatives sur la démonstration et l'invention dans
le progrès des connaissances** 35
Michel Paty

Quantification, unité et identité dans la philosophie d'Ibn Sīnā.................51
Shahid Rahman, Zaynab Salloum

Mathematical Modernity: Descartes and Fermat........................... 63
Roshdi Rashed

**Kuhn, Lakatos et Duhem sur la Révolution copernicienne : comment
l'interprétation de Kuhn a prévalu, le défi de Lakatos a échoué et la
confirmation de Duhem est toujours ignorée** 77
Hassan Tahiri

Préface

Cet ouvrage propose une interprétation non classique de la tradition scientifique arabe dont le statut a toujours posé un problème aux historiens des sciences. Tout ouvrage qui se veut être véritablement historique ne peut en effet se permettre de l'ignorer et pourtant les pages qui lui sont consacrées sont presque négligeables par rapport à la tradition qui la précède comme à celle qui lui succède. Et la conclusion à laquelle ils aboutissent c'est que son mérite est de préserver et transmettre l'héritage grec aux européens, sans jamais se demander ce que signifie préserver ni transmettre. Ce traitement expéditif fait de la tradition arabe un accident de l'histoire, au mieux une annexe de la tradition grecque évacuant ainsi l'une des questions fondamentales dont s'occupe l'historien, à savoir son timing : pourquoi faudrait-il attendre jusqu'au IXe siècle pour voir la science et la rationalité rayonner dans le monde ? En s'envolant comme par magie d'Athènes à Bagdad, l'historien moderne ne se rend pas compte de la révolution épistémologique qui s'est produite entre temps après, suivant l'expression forte d'un éminent classiciste, « une époque de longue dégénérescence intellectuelle » irréversible dans laquelle est entrée la civilisation grecque dès le IIIe siècle avant J-C. Il n'a jamais cherché à se mettre à la place des savants et penseurs arabo-musulmans pour comprendre les obstacles qu'ils ont hérité de la tradition précédente, pour apprécier les nouveaux moyens qui ont été développés et mis en œuvre pour les surmonter. Héritier d'une forte tradition selon laquelle la science et la rationalité européennes viennent des textes scientifiques et philosophiques grecs, notre historien moderne ne pouvait pas envisager l'idée qu'une culture non philosophique pourrait être à l'origine d'une autre conception de science et de rationalité ; il ne pouvait pas reconnaître que la connaissance avait besoin de se réinventer pour se relancer et qu'elle n'aurait jamais pu se renouveler et se propulser sans un changement radical de contexte socio-épistémique. En esquivant la question, l'historien des sciences se déclare incompétent et renvoie son verdict à l'historien généraliste pour le justifier. Et il faudrait attendre la découverte des résultats révolutionnaires en astronomie pour remettre profondément en cause cette attitude généralement adoptée à l'égard de la tradition arabe.

A partir de la deuxième moitié du XXe siècle, les travaux d'un certain nombre d'historiens distingués en mathématiques et en astronomie ont révolutionné notre compréhension de la tradition arabe et de l'histoire des sciences en général. Prenons le cas de l'algèbre par exemple, l'interprétation classique masque la nouveauté et la portée de l'acte fondateur en la traitant juste comme le développement d'une simple discipline mathématique qui s'ajoute, comme une annexe, à la discipline existante ; une attitude qui ne nous permet pas de comprendre pourquoi cette discipline puissante est née au IXe siècle à Bagdad.

Les travaux de Roshdi Rashed nous décrivent en revanche la composition du *Livre de l'algèbre* d'al-Khwārizmī, qui a façonné le destin des mathématiques et avec elles le reste du savoir, comme le résultat d'une nouvelle conception de la science et de la rationalité qui s'est forgée au VIIIe siècle par une société exigeante et hautement cultivée. Ce qui explique pourquoi dès le début du IXe siècle on assiste à l'émergence d'une nouvelle tradition scientifique qui a surpassé celle qui la précède puisque après al-Khwārizmī être mathématicien ne signifie plus être euclidien mais être géomètre et algébriste. Deux siècles plus tard, deux autres traditions ont été rejetées : la tradition ptoléméenne et la tradition aristotélicienne. Et pourquoi deux siècles ? Une tradition ne se forme pas du jour au lendemain et les arabes n'ont pas traduit l'*Almageste* au IXe siècle pour préserver l'œuvre de Ptolémée et la transmettre en langue arabe aux européens comme veulent nous le faire croire les historiens mais pour apprendre l'astronomie. Et depuis le IIe siècle, date de l'apparition de la *Composition mathématique*, être astronome c'est être ptoléméen, c'est ce qui fait sa signification historique. Une fois qu'on est bien installé dans une vieille tradition comme celle de Ptolémée qui semble avoir porté l'astronomie à son achèvement, est-il possible d'en sortir ? Et si oui comment ? Voici le genre de questions que l'historien moderne associe à la modernité. Et c'est chez Ibn al-Haytham qu'il faut chercher des éléments de réponse puisqu'il est à l'origine de l'émergence des traditions non ptoléméennes, lui qui a subtilement réfuté avec succès cette identification entre astronomie et tradition ptoléméenne. Après l'optique, l'auteur de la théorie moderne de la vision a transformé une seconde discipline scientifique en faisant appel à une nouvelle façon d'argumenter : la science de l'argumentation. C'est son *al-Shukūk* (ou *Doutes sur Ptolémée*) qui a lancé les recherches conduisant à la construction des systèmes non-ptoléméens d'Ibn al-Shāṭir au XIVe siècle et de Copernic deux siècles plus tard. La réfutation du système philosophique aristotélicien a suivi le même modèle.

Le résultat final qui se dégage contraste avec ce que nous ont toujours dit les historiens modernes : la tradition arabe s'est constituée en rupture avec la tradition grecque ; ce qui explique l'élan qu'a pris la science et sa rapide diffusion de l'orient à l'occident, une globalisation sans précédent du savoir qui a fait de l'arabe la première langue internationale dans l'histoire et assuré son développement presque ininterrompu depuis le IXe siècle. Le lecteur trouvera dans cet ouvrage quelques travaux qui ont permis de conduire à ce résultat, une interprétation non classique de la tradition scientifique arabe qui remet en cause la périodisation classique en histoire des sciences. Signalons enfin qu'on est encore à cheval entre les deux interprétations, classique et non classique, ce qui explique la variété des études et la diversité des analyses de leurs auteurs.

Hassan Tahiri

INTRODUCTION

La périodisation en histoire des sciences et de la philosophie :
la fin d'un mythe

> Ibn al-Rāwandī : Avez-vous jamais considéré quelque chose comme vrai et découvert plus tard que c'est faux? Si tel est le cas, comment pouvez-vous être sûr que vous ne soyez pas dans cette position à présent ?
>
> Al-Qirqisānī : Si je change d'opinion, c'est uniquement à cause d'une objection plus forte que ma preuve.
>
> Il n'y a pas d'espoir de retourner à une foi traditionnelle une fois qu'elle a été abandonnée ; car la condition essentielle de l'adhésion à une foi traditionnelle c'est d'ignorer qu'on est traditionaliste. Al-Ghazzālī

Tenu à l'Université de Lisbonne, du 29 au 30 octobre 2009, le colloque international « The Unity of Science in the Arabic Tradition » a réuni les meilleurs chercheurs et experts sur la tradition scientifique arabe pour discuter, à la lumière de nouveaux résultats obtenus récemment, de la validité et de la pertinence des dichotomies classiques en vigueur: pensée occidentale/pensée orientale, science moderne/science ancienne, etc. et explorer éventuellement de nouvelles pistes de recherche visant à offrir une meilleure explication du développement de la science dans sa globalité. Ces actes reprennent la majorité des interventions.[1]

C'est l'occasion pour nous de revenir sur la périodisation qui continue à prévaloir dans l'enseignement moderne. Dans les facultés des lettres des universités françaises, l'enseignement de la philosophie est divisé en trois périodes : philosophie ancienne, philosophie moderne et philosophie contemporaine. Voici une prise de position dont l'impact dépasse les activités spécialisées comme l'enseignement et la recherche pour toucher des activités générales comme la culture, la littérature ou encore l'art sans parler des mass médias qui n'hésitent pas à instrumentaliser le résultat des recherches historiques à des fins politiques. Quel est le fondement d'un tel découpage ? La philosophie peut-elle justifier sa propre périodisation ? Et si oui comment ?

---

[1] Ce colloque a été organisé par le Centre de philosophie des sciences de l'université de Lisbonne (CFCUL), avec le soutien du CNRS, de L'institut franco-portugais et de la FACC (Fundo de Apoio à Comunidade Científica).

La question est d'autant plus importante que ce découpage n'est pas présenté comme une conception particulière de l'histoire de la philosophie mais plutôt comme le vrai découpage puisqu'il correspond aux véritables faits historiques, la seule périodisation possible parce qu'elle est obtenue à partir d'une analyse objective de tous les faits historiques ; du coup il s'est imposé en occident et à tous ceux qui veulent apprendre la philosophie dont la mission par excellence, nous dit-on, est d'apprendre à penser. Dans un tel découpage, la période dite médiévale, qui comprend deux traditions arabe et scholastique, brille par son absence. Voici une discipline réputée pour être la plus humaniste des sciences humaines qui n'a pas hésité à exclure non pas une mais deux traditions qui ont duré huit cents ans de ses programmes. Un traitement qui met sur le même pied la période arabe et médiévale et celle qui la précède immédiatement, la période romaine. Comme si le discours des médiévaux n'appartenait pas à la philosophie ou du moins à la véritable philosophie, ce qui présuppose qu'on ait un critère qui permet de distinguer le discours philosophique de celui qui ne l'est pas. Comme si presque tout ce qui a été écrit durant cette période n'était qu'un pur verbiage peu novateur, ce qui présuppose qu'on ait entrepris des recherches suffisamment exhaustives pour condamner définitivement toute une époque. La philosophie, qui se distingue des autres disciplines des sciences humaines par sa vocation qui consiste à apprendre à penser, oublie de nous rappeler les raisons de la périodisation de son histoire et elle n'a pas cherché à un moment durant son évolution à tester sa validité. En passant de l'époque ancienne à l'époque moderne, la philosophie ne se rend pas compte qu'elle nie une longue période de sa propre histoire, ce qui l'empêche de mieux comprendre son passé et de rendre compte de toutes les étapes de sa propre évolution. Le professeur de philosophie moderne en particulier, qui est moins préparé pour justifier le saut, se trouve dans une situation délicate. A travers l'étude des philosophes modernes comme Descartes, Spinoza, Leibniz ou Kant par exemple, c'est le questionnement du concept même de philosophie qui se trouve masqué. Ce concept est-il resté le même ou a-t-il changé des temps anciens aux temps modernes ? Et dans ce dernier cas, quelle est la nature de ce changement ? La philosophie moderne se situe-t-elle en continuité avec la philosophie ancienne ? Ce découpage signifie-t-il que la philosophie admet la rupture entre philosophie ancienne et philosophie moderne ? En quoi la philosophie du XVIIe siècle est-elle moderne ? Et comment expliquer l'émergence du discours moderne ? Y a-t-il un progrès en philosophie ? Voici quelques questions qui sont davantage à propos de la philosophie que philosophiques.

Pour exposer les enjeux de ces questions que la philosophie semble ignorer, on examinera comment elles ont été abordées par une matière qui curieusement présente une périodisation identique : science ancienne, science moderne et science contemporaine. La philosophie semble ainsi s'aligner sur la science ; mais l'histoire de celle-ci, contrairement à celle-là, nous montre ce que les historiens ont font d'elle. Contrairement à la philosophie dont la périodisation reste énigmatique, les historiens des sciences ont en effet abondamment cherché à justifier leur périodisation, c'est que la décision n'est ni évidente ni simple. Et si les historiens des sciences affirment que les deux traditions ont peu contribué au progrès scientifique, doit-on les croire ? Et supposons que c'est le cas, doit-on conclure qu'il en est de même en philosophie ? Ce serait oublier, que durant la deuxième moitié du XIXe siècle, la période médiévale a fourni à la philosophie l'un des concepts les plus féconds qui lui a assuré son propre renouvellement, l'intentionnalité. Et pourtant les recherches de Brentano et de Duhem, qui ont démontré la fécondité de la tradition scientifique et philosophique de l'époque médiévale, n'ont pas empêché la philosophie de faire le choix d'aligner la périodisation de son histoire sur celle imposée par les historiens modernes comme l'a explicitement annoncé Husserl dans sa *Krisis*

> « Il est bien connu que l'humanité européenne accomplit en elle-même à la Renaissance[2] un retournement révolutionnaire : elle se tourne contre les modes d'existence qui étaient jusque-là les siens, ceux du Moyen Age, elle les déprécie, elle veut se donner une nouvelle forme de liberté. L'image qu'elle admire est celle de l'humanité antique. C'est ce mode d'existence qu'elle veut imiter pour elle-même. » (Husserl 1936, § 3, p. 12)

En écrivant ces lignes l'auteur de *La philosophie de l'arithmétique* (1891) ne s'est paradoxalement pas rappelé semble-t-il de l'époque où il cherchait désespérément à comprendre l'édifice énigmatique des mathématiques. Il a oublié que le concept qui lui a permis de renouveler la philosophie le doit ni à la philosophie ancienne ni à la philosophie moderne mais à cette période paradoxalement réputée pour sa stérilité. Et ce n'est pas par hasard qu'il a justement dédié son premier ouvrage à son maître érudit Brentano qui a explicitement reconnu l'origine médiévale de l'intentionnalité dont l'auteur demeure toujours inconnu.[3] Comment expliquer cette nouvelle position de Husserl qui, après plus de quarante ans, semble avoir oublié sa dette envers les médiévaux ? Que s'est-il passé entre temps pour que le disciple de Brentano se montre aussi sévère contre les médiévaux en dépréciant à son tour leurs contributions ? Le passage suivant nous donne quelques indications sur l'évolution critique de la phénoménologie durant laquelle elle a rencontré l'histoire, un terrain miné qui semble avoir changé son destin :

> « Les Anciens étaient encore bien éloignés de concevoir une idée semblable, mais plus générale (parce qu'elle a pour origine une abstraction

---

[2] Par Renaissance, il est clair que Husserl ne désigne pas ce courant de renouveau littéraire et artistique qui est apparu en Italie à partir du XIVe siècle ; ce concept est plutôt étroitement lié à la science et à la philosophie du XVIIe siècle, et se réfère donc à cette période traditionnellement connue sous le nom de Révolution scientifique.

[3] « Ce qui caractérise tout phénomène psychique, c'est ce que les Scolastiques du moyen âge ont appelé la présence intentionnelle (ou encore mentale) et ce que nous pourrions appeler nous-mêmes rapport à un contenu, direction vers un objet (sans qu'il faille entendre par là une réalité) ou objectivité immanente. » (Brentano 1874, p.102).

formalisante) : celle d'une mathématique formelle. C'est seulement à l'aube des temps modernes que commencent la conquête et la découverte authentiques des horizons mathématiques infinis. Alors surgissent les commencements de l'algèbre, de la mathématique du continu, de la géométrie analytique. » (Ibid., §9, pp. 26-27)

Comme l'illustre ce passage, la théorie de la connaissance husserlienne est tributaire d'une certaine conception du développement de la science qui s'accorde avec la périodisation des historiens modernes. Ce qui explique l'absence brillante des médiévaux. Or ce qui est frappant c'est quand l'auteur de *L'origine de la géométrie* nous apprend que le commencement de l'algèbre surgit, comme par miracle, à l'époque moderne. Une affirmation inexacte, comme nous le montrerons, qu'il n'a pas cherché à justifier et peut-être n'a-t-il pas besoin de le faire. Le philosophe a-t-il fait trop de concessions aux historiens modernes ? Était-il trop naïf en croyant noir sur blanc tout ce qu'ils racontent ? Et pourtant l'auteur de *La terre qui ne se meut pas* nous a appris qu'il faut revenir aux choses mêmes, qu'il ne faut pas toujours se fier à ce que nous disent les savants. Une leçon qui semble bien plus facile d'appliquer aux sciences de la nature qu'aux sciences de l'esprit ; or s'agissant justement de l'histoire des sciences le philosophe semble admettre l'idée généralement reçue, la périodisation dominante des sciences. Au lieu de revenir aux textes mêmes afin de comprendre le cheminement sinueux et tout à fait singulier qu'a pris la science à travers les siècles et le temps qu'il lui a fallu pour surmonter les obstacles qu'il a rencontrés durant son développement, l'auteur de la *Krisis* a érigé toute une théorie philosophique pour justifier la thèse des historiens modernes qui a créé un abîme entre la science ancienne et la science moderne. De l'idéalisation du modèle antique à la réalité historique, le philosophe a comblé l'abîme qui les sépare par l'idée de l'infini (§ 8). Il semble ainsi que notre philosophe s'est avéré un visionnaire profond anticipant par là les thèses radicales des discontinuistes soutenues par des historiens influents comme George Sarton, Alexandre Koyré ou encore Thomas Kuhn. On retrouvera plus tard chez Koyré par exemple cette dichotomie husserlienne de l'espace fini/infini, qu'il exprimera en termes de monde clos/univers infini, une distinction mieux connue par l'expression fameuse de Kuhn "the two sphere universe." Nous avons là quelque chose de nouveau puisque la *Krisis* semble être une tentative de la part de son auteur de montrer que la phénoménologie est plus qu'une philosophie radicale de fondement, elle est aussi une véritable philosophie du changement scientifique, une double vocation qui masque une tension qui ne tarderait pas à surgir. Si les historiens établissent, en terme de rupture, une relation causale entre la science ancienne et la science moderne en soutenant que celle-ci n'a pu voir le jour qu'en rompant complètement avec celle-là, qu'en est-il de la philosophie ?

Après avoir assuré le succès de sa phénoménologie sur le continent au début du XXe siècle, son fondateur s'est trouvé devant une réalité sociale complexe en raison de la diversité des intérêts de ses partisans et collaborateurs, chacun tentant de la tirer à son avantage. La prise philosophique husserlienne qui avait l'air d'avoir réussi à concilier les différentes sensibilités et notamment science et philosophie a fini par échouer puisqu'elle n'a pas empêché la radicalisation des deux disciplines. La phénoménologie herméneutique a ramené la philosophie à ses racines afin de rappeler aux savants d'une part ce qu'elle considère comme l'origine de la science moderne et de préciser d'autre part que celle-ci, qu'elle préfère appeler non sans péjoration une technoscience, n'est qu'une interprétation et non l'interprétation du réel ; une technique hautement symbolique qui explique à ses yeux son incapacité à répondre aux questions fondamentales relatives à l'existence. Quant à l'histoire des sciences qui veut plutôt comprendre sa propre dynamique, elle a tiré davantage la science vers le terrain de la sociologie en mettant l'accent sur le génie des hommes qui l'ont propulsée, ce qui a donné lieu à la formation d'une nouvelle discipline : la sociologie des sciences. Le fameux ouvrage de Kuhn, *The Structure of Scientific Revolutions*, a réussi là où les dix volumes du *Système du monde* ont échoué puisque ses 260+ pages ont suffi pour que les facultés de philosophie bousculent ses programmes afin d'intégrer la dimension sociologique de la science. L'ironie, c'est qu'au moment même où la philosophie a intégré les résultats de la sociologie des sciences qui sont considérés comme définitivement établis, elle n'était pas au courant de la réfutation de l'interprétation sociologique des sciences par les historiens de l'astronomie arabe et médiévale, donnant ainsi raison aux thèses de l'auteur du *Système du monde* et à son approche des études historiques. A défaut d'intégrer les études de la période médiévale dans son cursus, la philosophie a pris le risque de subir plus que d'agir puisqu'elle devrait réviser encore une fois ses programmes afin de rectifier certaines prétentions de la sociologie des sciences. L'époque médiévale qu'on croyait avoir enterrée à jamais a fini par resurgir. En dépit de la fragmentation des recherches en la matière à cause, du moins en partie, de sa négligence par les institutions académiques, le résultat des travaux, fruit d'initiatives individuelles, entrepris durant les dix dernières années a démontré son rôle fondateur des sciences modernes.

    Dans ce qui suit, on ne fera qu'approfondir davantage notre analyse de la périodisation en examinant la période qui lui est antérieure et qui est souvent ignorée pour des raisons soit disant sociologiques. C'est sous-estimer la puissance de l'épistémologie, qui a été négligée par les protagonistes, de pouvoir rendre compte du développement de la science et notamment de cette longue période durant laquelle l'activité scientifique semble avoir décliné à jamais. Du point du vue épistémologique, on verra ce que Kant considère comme une indication d'achèvement ou ce que Duhem appelle un long sommeil et qui devrait plutôt être appelé stagnation. Le mérite de notre étude, bien qu'elle soit brève, est ainsi d'apporter plus de précision à la périodisation de l'histoire des sciences et d'essayer de contribuer donc à une meilleure compréhension de son passé en attirant l'attention sur la grande phase de stagnation qui se situe entre la période ancienne et la période moderne. Dans son ouvrage classique *The Greeks and The Irrational*, Dodds situe l'âge d'or du rationalisme grec de la fin du 4ᵉ à la fin du 3ᵉ siècle avant J-C, après quoi il commence progressivement mais irréversiblement à décliner.[4] Notre intérêt ici est moins de situer avec précision le début de la stagnation, quelque chose qui, comme le rappelle Dodds, ne survient pas du jour au lendemain ni de manière uniforme, que d'expliciter les causes épistémologiques qui en font un déclin tout à fait particulier dans l'histoire des sciences. Une période qui se caractérise notamment par sa longévité comme l'a bien souligné Duhem (700 ans rien que pour l'astronomie et encore davantage pour les vieilles disciplines comme les mathématiques), et qui justifie pourquoi elle doit être reconnue en tant que telle par les historiens.

1. La grande stagnation scientifique

L'attitude des historiens envers l'empire romain est paradoxalement mitigée : admiré par les historiens politiques mais sévèrement condamné par les historiens des sciences. Comment expliquer ce paradoxe ? Les romains ont réussi à former un empire parmi les plus puissants de l'histoire qui a duré 500 ans, ils ont notamment entamé leur conquête de la Grèce à partir de 187 av. J-C bien que la présence romaine sur le territoire grec soit effective dès le IIIᵉ av. J-C. Les romains ont réussi à se doter d'une organisation administrative efficace et d'un code juridique sophistiqué. Mais sur le plan scientifique, les historiens des sciences reprochent sévèrement aux romains d'avoir négligé l'héritage grec. Le problème du développement de la science durant cette période a été évacué en avançant une raison sociologique et non épistémologique.

---

[4] « En voyant la situation dans son ensemble, un observateur intelligent aux environs de l'an 200 avant J.-C. aurait eu le droit de prédire qu'au bout de quelques générations l'effondrement de la structure héritée serait achevé et que l'ère parfaite de la raison y succéderait. Il se serait, toutefois, entièrement trompé dans les deux cas – tout comme les rationalistes du XIXᵉ siècle semblent s'être trompés à leur tour. Notre rationaliste grec imaginaire eût été surpris d'apprendre que cinq cents ans après sa mort, Athéna recevrait encore le don périodique d'une robe neuve offerte par son peuple reconnaissant ; que des taureaux seraient encore sacrifiés dans Mégare aux héros tués huit cents ans plus tôt dans les guerres Médiques ; que des tabous anciens concernant la pureté rituelle seraient encore rigoureusement observés dans beaucoup d'endroits. [...] De telles prévisions auraient surpris un observateur du IIIᵉ siècle. Mais il eût été encore surpris plus douloureusement d'apprendre que la civilisation grecque accédait, non pas à l'ère de la raison, mais à une époque de longue dégénérescence intellectuelle qui devait durer, avec quelque retours illusoires d'énergie et quelques brillants engagements individuels d'arrière-garde, jusqu'à la prise de Byzance par les Turcs ; qu'au cours des seize siècles entiers d'existence qui lui restaient encore, le monde hellénique ne produirait aucun poète qui fut l'égal de Théocrite, aucun homme de science, l'égale d'Eratosthène, aucun mathématicien, l'égal d'Archimède, et que le seul grand nom de la philosophie représenterait un point de vue qu'on avait pu croire périmé – le platonisme transcendantal. » (Dodds 1951, pp. 243-244) ; les numéros de page renvoient à la pagination anglaise.

Pourquoi les romains ne se sont-ils pas intéressés à la science grecque? Et qu'auraient dû-t-ils faire qu'ils n'ont pas fait ? Les reproches que les historiens des sciences adressent aux romains font probablement allusion à la traduction ratée des ouvrages du grec au latin. Un argument quelque peu injuste pour ne pas dire anachronique car ce n'est qu'aujourd'hui que l'on sait que la science n'aurait pas pu progresser sans la traduction. Nous nous proposons justement d'examiner brièvement cette question rarement soulevée en restant dans le contexte historique afin d'essayer de comprendre l'attitude de ses acteurs. Pourquoi les romains n'ont-ils donc pas traduit par exemple les œuvres d'Aristote, d'Euclide ou de Ptolémée ? Les historiens des sciences avancent des facteurs extrascientifiques comme réponse à ce genre de questions. Et sous prétexte que l'historien ne s'intéresse qu'aux périodes fructueuses qui ont positivement marqué le développement de la science, la civilisation romaine a été déclarée coupable de ne pas avoir joué son rôle, certains diraient même son devoir historique dans le progrès de la science. Est-il juste d'attribuer tout le blâme aux romains? La condamnation est définitive et unanime comme si les preuves établies contre l'empire de César sont irréfutables, comme si il est pris en flagrant délit. Les romains ne sont pas là pour répondre à ces accusations. La civilisation romaine, qui se trouve définitivement et unanimement condamnée, a la malchance de ne pas avoir suffisamment d'avocats pour faire appel de ce jugement et demander que l'on entende ses arguments. De nouvelles recherches en la matière ont mis au jour la pertinence d'un certain nombre d'arguments, si longtemps ignorés par les historiens des sciences, justifiant ainsi la réouverture du procès. Pour montrer que la traduction, à laquelle font allusion la plupart des historiens en tant que phénomène raté, est en fait un projet particulièrement épistémologique qui ne va pas de soi ; imaginons ce qu'aurait répondu un responsable politique romain aux accusations mentionnées ci-dessus. Et oui c'est un responsable politique car ce qu'on demande aux romains ce n'est pas de traduire quelques ouvrages par quelques individus isolés, mais de procéder à une traduction massive et systématique d'une tradition qui a duré plusieurs siècles. Ce qui exige des ressources énormes en matière de temps, d'argent et d'énergie humaine. Mais pour quoi faire ? Aurait répondu notre politicien. A quoi cela sert-il de traduire les œuvres de physique d'Aristote par exemple, ou son syllogisme ou encore sa métaphysique ? Les péripatéticiens n'ont cessé d'étudier les ouvrages de leur maître vénéré depuis le IVe siècle avant J-C sans faire un pas en avant ou en tirer quelque chose de concret. C'est comme si il n'y avait pas grand-chose à dire: la philosophie naturelle et la métaphysique ont été portées à leur achèvement par Aristote, les mathématiques par Euclide, l'astronomie et l'optique par Ptolémée, etc.[5] Et le mode privilégié par les grecs de l'exposé de ces disciplines à savoir la

---

[5] C'est ce que dira au sujet de la logique un philosophe moderne comme Kant par exemple qui, au XVIIIe siècle, affirme dès la première page de la seconde édition de sa *Critique de la raison pure*:

méthode axiomatique, ne fait que renforcer cette idée profondément ancrée chez les anciens de l'achèvement des sciences. Pourquoi alors dépenser pour ne pas dire gaspiller tant d'effort et d'énergie à traduire le corpus grec alors qu'on pourrait les employer ailleurs. Les romains ont en effet réussi à bâtir un empire puissant que les grecs n'ont pas pu faire sans avoir besoin de tout cela,[6] et c'est de l'émergence de l'empire romain que A. Koyré a très probablement conclu : « la science n'est pas nécessaire à la vie d'une société, au développement de sa culture, à la croissance d'un état ou même à un empire. »[7]

Ce genre de considérations nous indique déjà les conditions de l'émergence de la modernité, comme l'a bien fait remarquer le grand classiciste G.E.R. Lloyd : « bien que beaucoup parmi les anciens aient reconnu que la civilisation a été développée dans le passé, peu d'entre eux ont imaginé qu'elle pourrait ou aurait pu progresser davantage dans le futur » (Lloyd 1972, p. 394). C'est justement le défaut de l'idée du progrès scientifique dans la culture grecque, qui a un impact direct sur leur approche scientifique et philosophique, qui explique au moins en partie,

---

« Que la logique ait suivi depuis les temps les plus anciens ce chemin sûr de la science, le fait qui le montre est que, depuis Aristote, elle n'a pas eu besoin de faire un pas en arrière, si l'on veut bien ne pas compter pour améliorations l'élimination de quelques subtilités superflues, une détermination plus claire de l'exposé, toutes choses qui touchent plus à l'élégance qu'à la sûreté de la science. Il est encore plus remarquable à son propos que, jusqu'ici, elle n'a pu faire un seul pas en avant, et qu'ainsi, selon toute apparence, elle semble close et achevée (Merkwürdig ist noch an ihr, daß sie auch bis jetzt keinen Schritt vorwärts hat tun können, und also allem Ansehen nach geschlossen und vollendet zu sein scheint). »

Un passage significatif puisqu'il révèle que l'épistémologie kantienne dépend en fait de sa conception sous-jacente au développement de la science selon laquelle une fois qu'une science est constituée elle l'est une fois pour toutes. Cette conception kantienne du développement de la science a un impact direct sur sa philosophie de l'espace qui présuppose la géométrie comme une science achevée puisqu'elle n'a pas connu de progrès notable depuis Euclide. Il a sous-estimé les recherches logiques et géométriques entreprises à son époque (notamment celles autour de ce que d'Alembert avait déjà appelé dès 1767 le scandale de la géométrie élémentaire suscité par le très contesté cinquième postulat des parallèles pour son manque d'évidence) puisqu'il ne croyait pas qu'elles pouvaient conduire à une révolution des deux disciplines. C'est ce qui explique pourquoi son épistémologie est davantage une philosophie de fondement qu'une philosophie de changement.

[6] Rappelons que Alexandre le Grand, qui a réussi à unifier les cités grecques au VIe siècle av. J-C., est un roi de Macédoine ; un état considéré par les grecs comme une cité barbare, c'est-à-dire non grecque.

[7] "Science is not necessary to the life of a society, to the development of a culture, to the growth of a state or even of an empire" in "Commentary on H. Guerlac's: Some historical assumptions of the history of science" in A.C. Crombie (ed.) *Scientific Change,* London 1963, pp. 847-857, réimprimé sous le titre "Perspectives sur l'histoire des sciences" in *Etudes d'histoire de la Pensée Scientifique,* Paris. 1966, p. 855. C'est une affirmation qui n'est plus vraie de nos jours, aucune nation ne peut se développer sans la science et encore moins espérer devenir une puissance. Et nous verrons comment les choses ont radicalement changé avec la civilisation arabo-musulmane qui est à l'origine du modèle de développement moderne fondé sur une nouvelle conception de la science ; une civilisation qui a créé depuis un nouvel ordre mondial qui n'est pas très différent de celui d'aujourd'hui.

pourquoi il faudrait attendre jusqu'au neuvième siècle pour voir l'émergence de leur successeur immédiat. Est-il juste d'exiger des romains d'avoir une attitude moderne si leurs prédécesseurs ne l'avaient pas ? Et comment peuvent-ils savoir que c'est la traduction systématique qui allait faire progresser la science ? Et pourquoi traduire ou même écrire dans une langue qui, d'après George Sarton, était considérée comme une langue inférieure à la langue grecque ?[8]

La tradition grecque a été tellement idéalisée qu'elle a fini par éclipser les contributions des traditions qui l'ont précédée comme celles qui lui ont succédé. Et c'est précisément pour corriger cette opinion généralement admise, comme il l'explique d'ailleurs dans son introduction, que Dodds a écrit *The Greeks and the Irrational*. Sa principale motivation est d'essayer de comprendre : « pourquoi devrions-nous attribuer aux Grecs de l'Antiquité une immunité aux modes de pensée « primitifs », immunité que nous ne rencontrons dans aucune société accessible à notre observation directe ? »[9]. A force d'avoir idéalisé la tradition hellénique, la pratique scientifique grecque a fini par devenir un modèle de rationalité si inégalé qu'il est impossible qu'elle soit à l'origine de son propre déclin. Dodds n'aborde que brièvement cette question puisque le déclin de l'activité scientifique semble faire partie d'un phénomène social plus général à savoir l'effondrement du rationalisme qui a commencé à partir du IIIe siècle av. J-C. Il soutient que ce qu'il appelle la « paralysie de la pensée scientifique » peut très bien rendre compte de l'attitude laxiste et paresseuse des intellectuels à cette époque mais pas de celle des masses. L'auteur semble en effet davantage frappé par la nouvelle attitude des masses puisqu'elle lui accorde plus d'espace et elle consiste en le retour en force de l'irrationnel (du mythe, de la magie, de l'occultisme, de l'astrologie) à tel point que la société semble avoir retrouvé son état pré-rationaliste comme si le rationalisme n'avait jamais existé. Force est de constater que le rationalisme grec n'est pas parvenu à transformer la société grecque et encore moins à s'étendre au-delà des frontières de la terre hellène. Et il n'est pas surprenant que notre auteur conclut à l'échec du rationalisme grec (failure of Greek rationalism, p. 249) dont il dresse le constat puisque la montée de l'irrationalisme a fini par toucher la philosophie :

> « Et la philosophie suit une voie parallèle à un niveau plus élevé. La plupart des écoles avaient depuis longtemps cessé d'estimer la vérité en elle-même, mais à l'époque impériale, elles perdent à quelques exceptions près, toute apparence de curiosité désintéressée et se présentent franchement comme

---

[8] « It is true that the two greatest scientists of the age were born in the Orient, Ptolemy in Egypt and Galen in the province of Asia, and neither of them would have been able to write in Latin, even if they had wished to do so. But why should anyone write artificially in an inferior language, if he was able to write naturally in a superior one? Any Roman of the second century who was intellectually ambitious had to learn Greek. » (Sarton 1954, p. 40).

[9] "Why should we attribute to the ancient Greeks an immunity from primitive modes of thought which we do not find in any society open to our direct observation?" (Dodds 1951, p. iv).

des dispensatrices de salut. Ce n'est pas seulement que le philosophe considère que sa salle de conférence est un dispensaire pour âmes malades ; en principe, cela n'est pas nouveau. Mais le philosophe n'est pas uniquement un psychothérapeute ; il est aussi, comme le dit Marc Aurèle, « une sorte de prêtre, un ministre des dieux », et son enseignement prétend à une valeur religieuse plutôt que scientifique. » (Ibid., p. 248)

Si les romains ne se sont donc pas intéressés à l'héritage scientifique grec c'est tout simplement parce qu'ils n'y ont pas trouvé suffisamment d'intérêt ou encore parce que les philosophes et les savants hellénistiques de l'époque n'ont pas su répondre aux besoins concrets de la nouvelle société romaine.[10] Une interaction qui n'est pas rendue facile puisque l'empire romain semble se composer de deux cultures principales, pour ne pas dire de deux mondes : une élite intellectuelle, en l'occurrence les savants et les philosophes, qui continue à exercer sa profession principalement en grec et le reste de la société qui, elle, parle le latin. Bien que la paralysie de la pensée scientifique ne soit pas la cause du retour de l'irrationnel comme le soutient Dodds, il n'en demeure pas moins que les deux phénomènes, symptomatiques du déclin du rationalisme, sont étroitement liés. Plus exactement le début du déclin de l'activité scientifique, qui rappelons-le a eu lieu à partir du IIIe siècle av. J-C, a créé un vide intellectuel ce qui a favorisé le retour de l'irrationnel. Il semble ainsi que nous avons ici un double échec du rationalisme

---

[10] Dodds précise en effet qu'il y avait toujours un fossé plus ou moins grand entre les intellectuels et le reste de la société hellène. Et les rares moments où un certain rapprochement entre les deux parties s'est produit durant la période hellénistique, le résultat de cette interaction s'est avéré contreproductif : au lieu que les intellectuels tirent le reste de la société vers le haut, c'est l'inverse qui s'est produit comme il nous l'explique :

« Nous avons vu, dans un précédent chapitre comment la divergence des croyances chez les intellectuels et chez le peuple, qui se discernait déjà dans la littérature la plus ancienne, augmentait vers la fin du Ve siècle au point d'approcher d'un divorce complet, et comment le rationalisme croissant des intellectuels était doublé de symptômes régressifs dans la croyance populaire. Or, dans la société hellénistique relativement « ouverte », ce divorce s'est dans l'ensemble maintenu, mais des transformations rapides dans la stratification sociale, et l'accès à l'enseignement de classes plus nombreuses, suscitèrent des possibilités nouvelles d'interaction entre les deux groupes. Nous avons entrevu qu'à Athènes, au IIIe siècle, un scepticisme, qui jusqu'alors s'était restreint aux intellectuels, commençait à toucher l'ensemble de la population ; et cela devrait se reproduire plus tard à Rome. A partir du IIIe siècle, toutefois, une interaction d'un nouveau genre se manifeste, avec l'apparition d'une littérature pseudo-scientifique, principalement pseudonymique, et prétendant souvent se fonder sur une révélation divine, et qui prend à son compte les superstitions anciennes de l'Orient ou les fantaisies plus récentes des masses hellénistiques, les revêt d'atours empruntés à la science ou à la philosophie grecques et leur gagne l'assentiment d'une bonne partie de la classe instruite. Désormais l'assimilation marche dans les deux sens : tandis que le rationalisme sous une forme restreinte et négative continue à se répandre de haut en bas, l'antirationalisme se répand de bas en haut et il a fini par l'emporter. » (pp. 244-245)

grec : le premier est le retour en force des croyances populaires et le second le début de l'effondrement de l'esprit scientifique. C'est ce dernier échec qui nous intéresse davantage en examinant le contexte culturel grec dans lequel se sont développées la science et la philosophie. En s'appuyant sur quelques études de G.E.R Lloyd consacrées à la pratique scientifique grecque, nous chercherons à apporter des éléments de réponse à ces deux questions qui sont étroitement liées : quelles sont les causes de la grande stagnation scientifique ? Et pourquoi le rationalisme grec a-t-il échoué à transformer la société dans laquelle elle a pris pourtant naissance ?

Dans l'une des rares études consacrées à ce sujet, G.E.R. Lloyd mentionne quelques obstacles épistémologiques au progrès de la science inhérents à la pratique scientifique grecque. Et l'un des principaux obstacles est la place inférieure accordée à la pratique par rapport à la théorie ce qui a conduit les philosophes à opposer radicalement les deux types d'activité puisque les études théoriques, qui devraient être poursuivies en elles-mêmes, sont davantage valorisées au détriment des arts pratiques qui sont traités avec mépris. Cela est d'autant plus vrai, comme nous l'explique Lloyd, pour certaines disciplines scientifiques comme la médecine, une activité dont on devrait s'attendre à ce qu'elle soit hautement respectée en raison de sa noble cause :

> « Beaucoup de biologistes célèbres étaient des médecins, qui étaient motivés dans leurs recherches par le désir d'améliorer le traitement du malade, et ils ont cherché à appliquer leur connaissance à cette fin. Pourtant même les médecins les plus célèbres et qui ont connu le plus de succès dans l'antiquité n'ont pas entièrement échappé au mépris ressenti envers les artisans. Dans l'échelle grecque des valeurs, le théoricien était toujours supérieur au technologiste. » (Lloyd 1972, p. 395).

Il est difficile pour les sciences empiriques, et avec elles les études théoriques, de s'épanouir dans un contexte culturel où le rôle des arts pratiques dans la prospérité et le bien-être de la société est fortement méprisé par son top élite. Lloyd a identifié à juste titre le fossé profondément creusé par la société grecque entre la théorie et la pratique comme l'une des principales raisons qui ont empêché le développement de la recherche scientifique.

> « Les institutions où on faisait des recherches intensives étaient rares pendant toute l'antiquité. Les anciens n'avaient pas l'idée qui domine notre propre société, selon laquelle la recherche scientifique détient la clé du progrès matériel. [...] La raison d'être du Lycée et du Musée et de plusieurs écoles calquées sur eux n'était pas l'idée de l'utilité de la recherche scientifique, mais l'idée d'une éducation supérieure 'libérale' » (Ibid., p. 394).

Bien que le développement de la science contribue à la rigueur du discours en général et du discours philosophique en particulier,[11] il n'en demeure pas moins que la philosophie naturelle reste prisonnière de certaines questions dont la réponse peut tout aussi bien être fournie par d'autres types de discours rivaux. Et l'une de ces questions est celle qui traite de l'origine du monde, qui était considérée comme l'une des principales tâches de la philosophie naturelle. Lloyd nous explique pourquoi le raisonnement discursif, qui est l'instrument privilégié du philosophe, ne peut régler ce genre de questions.

> « Disons encore que la méthode expérimentale n'avait qu'une utilité très limitée a l'égard du problème fondamental de la physique de ce temps, qui était la question des constituants ultimes de la matière. Certes, quelques expériences tout à fait simples auraient pu livrer des informations utiles sur la nature de certains composés mais la controverse majeure entre l'atomisme et la théorie qualitative d'Aristote, par exemple, n'était pas de celles que l'on aurait pu régler par un appel à l'observation ou a l'expérience, puisque la controverse roulait sur la question de savoir quel type d'explication il convenait d'essayer de donner. Dans des domaines comme ceux-là, par conséquent, dire que les Grecs n'ont pas su utiliser la méthode expérimentale n'a pas grand sens, puisqu'il était pratiquement impossible, ou même impossible tout court, d'imaginer des expériences qui auraient pu résoudre les problèmes en cause. » (Lloyd 1970, p. 163)

Et si le problème ne peut être réglé par l'expérimentation c'est en raison de la façon dont on se sert de la discussion philosophique qui finit par aboutir à une impasse dont elle n'a pas pu en sortir marquant le début de la stagnation.

> « Disons aussi, et c'est un point plus important encore, que des expériences comme celles qu'effectuèrent les Grecs étaient ordinairement entreprises avec l'intention bien arrêtée d'y trouver un appui pour la théorie propre de l'écrivain qui les rapporte. Le recours à l'expérience était le prolongement du recours aux faits, dont la notion était bien plus répandue : l'expérimentation était une technique de corroboration, bien plus qu'une technique de découverte. On instituait des épreuves de contrôle pour confirmer le résultat

---

[11] Rappelons que Thalès était d'abord géomètre (et peut être astronome puisqu'on lui attribue la prédiction d'une éclipse) avant d'être philosophe. Un fait significatif puisqu'il semble que c'est la formation mathématique du premier géomètre grec qui était à l'origine ou du moins a grandement contribué à la remise en cause du discours de *L'Iliade et de l'odyssée*. Ce n'est pas un hasard non plus que celui qui est considéré comme le premier philosophe a pris l'eau comme l'élément fondamental de la constitution du monde, il n'est pas en effet exclu que cette idée lui soit suggérée par la civilisation égyptienne dont le Nil constitue justement l'élément fondamental de son remarquable développement qui a fasciné les anciens et qui ne cesse de fasciner les modernes. Et si on en croit ce que nous dit la tradition selon laquelle Thalès, durant sa jeunesse, s'est rendu en Egypte où il a pu apprendre la géométrie, on peut alors considérer qu'après son retour de l'Egypte, le chef de l'école de Milet, armé de nouvelles connaissances scientifiques, était en fait porteur d'un (contre-) programme visant à contester l'unique discours mythique qui a régné dans la culture grecque depuis Homère.

désiré ; et ce n'est que dans l'Antiquité tardive que nous rencontrons des cas où l'on a fait des tentatives pour faire varier systématiquement les conditions des expériences, avec l'idée d'isoler ainsi des relations causales. Nous avons donc rencontré, dans le cours de cette étude, abondance de témoignages relatifs a l'utilisation de méthodes empiriques dans les débuts de la science grecque. Si l'expérimentation reste encore tout à fait rare. La Grèce a donné naissance à une foule d'observateurs habiles et persévérants, à la fois en biologie, en médecine et en astronomie. Cependant, l'impression que donne une bonne partie de l'histoire de la science grecque à ses débuts reste celle d'une prédominance de l'argumentation abstraite. » (Lloyd 1970, p. 165)

Il s'avère alors que c'est la façon d'argumenter des philosophes grecs qui n'a pas beaucoup contribué à faire avancer l'investigation scientifique. Le cas particulier discuté ci-dessus par Lloyd est significatif puisqu'il soulève en effet plusieurs questions d'ordre épistémologique. Nous ne citons que quelques unes d'entre elles à titre d'illustration : pourquoi l'auteur des *Topiques* par exemple a-t-il préféré la théorie des quatre éléments d'Empédocle à la théorie atomiste défendue par Leucippe et Démocrite ? Pourquoi l'auteur de l'*Organon* n'a-t-il pas reconnu la force des arguments des atomistes ou du moins la subtilité et la fécondité de leur approche ? Imaginer des expériences susceptibles de résoudre les problèmes en cause comme le suggère Lloyd présuppose la reconnaissance de l'impasse dans laquelle se trouve la philosophie naturelle. Or il semble que les philosophes grecs, qui cherchaient davantage à imposer leur théorie en triomphant de leurs adversaires, quelque chose qu'on peut voir comme une forme de lutte pour l'autorité, n'étaient pas très conscients de la crise de la philosophie naturelle en raison de la multiplicité et du conflit de leurs discours qui sont censés pourtant expliquer les mêmes phénomènes naturels. Une crise qui a empiré plus tard avec le développement du scepticisme. A en croire Diogène Laërce, le patron de l'Académie a souhaité bruler tous les écrits de Démocrite.[12] Quant à son disciple, qui a réussi à s'imposer en érigeant un système philosophique, dont la complexité n'a fait qu'accroître la difficulté de la tâche de sa réfutation ce qui a ralenti son effondrement, il est bien connu, comme l'a fait remarquer John Burnet dans son *Early Greek Philosophy*, qu'Aristote n'apprécie pas beaucoup le style de pensée de Pythagore et de son école mathématique qui a fait preuve d'une grande originalité en cosmologie et en physique en s'efforçant d'établir des liens entre mathématique

---

[12] « Aristoxène, dans ses Mémoires historiques, dit que Platon avait voulu faire brûler les écrits de Démocrite, tous ceux qu'il avait pu rassembler, mais que les Pythagoriciens Amyclas et Clinias l'en avaient détourné, en disant que cela ne servirait à rien, puisque ces livres étaient déjà entre les mains de beaucoup de gens. Et cette hostilité est manifeste : alors que Platon fait mention d'à peu près tous les Anciens, nulle part il ne fait allusion à Démocrite, pas même là où il aurait fallu lui faire quelque réplique ; manifestement, il savait qu'il lui faudrait affronter le meilleur des philosophes. » (Laërce 1999, p. 1078)

et réalité.[13] Une conception, qui semble ne pas être du goût du Stagirite et à laquelle il s'est systématiquement opposé. Ce qui n'est pas sans influence sur ses commentaires puisque, quand il discute les idées de ses adversaires, il n'est pas exclu qu'il ne nous expose que les arguments qui l'intéressent, pour ne pas dire le côté faible de leurs arguments, afin de les critiquer du point de vue de sa propre théorie, une pratique courante comme l'a déjà souligné Lloyd. Burnet nous explique comment la théorie des atomistes semble avoir été victime de cette façon d'argumenter :

> « Avec Leucippe, notre histoire devrait arriver proprement à sa fin, parce qu'il avait vraiment répondu à la question de science soulevée en premier par Thalès. Nous avons vu cependant que, quoique sa théorie de la matière soit d'un genre très original et audacieux, il n'avait pas le même succès dans sa tentative de construire une cosmologie, et ceci semble avoir été un obstacle à sa reconnaissance de sa théorie atomique pour ce qu'elle était véritablement. »[14]

Remarquons à ce propos que l'un des inconvénients de cette approche argumentative est que l'argument de l'opposant n'est jamais cité. Et concrètement parlant, il est difficile pour la société de dire en quoi le discours philosophique diffère du discours mythique ou sophistique. Elle ne voit pas ce qu'apporte de plus un discours hautement technique pour ne pas dire hermétique qui lui semble ne pas avoir grand-chose à voir avec leurs préoccupations, ce qui explique pourquoi elle se sent moins concernée. On comprend alors pourquoi le retour en force de l'irrationnel ne tardera pas à resurgir.

Ce que cette période de grande stagnation indique est que la science telle qu'elle s'est développée dans le contexte de la culture grecque ne peut plus progresser davantage à moins que la pratique scientifique ne change profondément d'approche. N'importe quel mouvement de traduction des œuvres scientifiques grecques ne peut surmonter les obstacles épistémologiques qui lui sont inhérents si le projet de traduction se réduit au simple souci de récupérer et conserver l'héritage grec. Le succès du projet de traduction arabe est dû à une prise de conscience croissante que l'investigation scientifique portant sur la nature telle qu'elle a été conçue et pratiquée par les grecs ne peut répondre aux nouveaux problèmes qui ont été soulevés à l'époque ni satisfaire les besoins exprimés par sa société. Une prise de conscience qui s'est concrètement manifestée par un important changement de perspective et d'orientation majeur du discours rationnel dominé par ce que Lloyd

---

[13] "Aristotle, on the other hand, was quite out of sympathy with Pythagorean ways of thinking, but took a great deal of pains to understand them." (Burnet 1908, ch. VII § 142, p. 329)

[14] "With Leukippos our story should properly come to an end; for he had really answered the question of science first asked by Thales. We have seen, however, that, though his theory of matter was of a most original and daring kind, he was not equally successful in his attempt to construct a cosmology, and this seems to have stood in the way of the recognition of the atomic theory for what it really was." (Burnet 1908 ; ch. X, § 184, p. 405)

appelle l'argument abstrait à la conception arabe de science ou *'ilm*. L'émergence de la civilisation arabo-musulmane marque ainsi le début d'une nouvelle conception de la science qui a engendré à son tour une nouvelle façon d'argumenter qui ont mis fin à sa grande stagnation ; et c'est le développement de ces deux approches novatrices à partir du IXe siècle qui ont conduit à l'essor presque ininterrompu des recherches scientifiques. L'histoire d'une révolution, au sens propre du terme, que les historiens modernes ont préféré ignorer et qu'on ne fait qu'esquisser.

2. Al-Khwārizmī et la naissance d'une nouvelle tradition scientifique

S'il y a une science dont on commence l'histoire à partir de la tradition arabe c'est sans aucun doute l'algèbre comme le reflète le terme de cette discipline fondamentale des mathématiques. Son fondateur est al-Khwārizmī, son nom est l'algèbre tirée du titre de l'ouvrage *Kitāb al-jabr wa al-muqābala* (كتاب الجبر و المقابلة). Van der Waerden, l'auteur du premier manuel de l'algèbre abstraite qui s'est développée au XXe siècle, ne s'est pas trompé quand il a commencé son *A History of Algebra: From Al-Khwārizmī to Emmy Noether* (1985) à partir du mathématicien de Bagdad, son argument qu'il a déjà avancé dans un autre ouvrage historique est très simple et profond : « Les arabes ont commencé à nouveau l'algèbre, à partir d'un point de vue beaucoup plus primitif (The Arabs started algebra anew, from a much more primitive point of view) » (van der Waerden 1961, p. 264). L'auteur nous avertit que le premier chapitre dans lequel il se propose d'étudier les trois mathématiciens arabo-musulmans (al-Khwārizmī, Thābit ibn Qurra et Omar al-Khayyām) n'est pas une histoire du développement de cette discipline dans la tradition arabe. Et il semble se plaindre de la pauvreté des références et de la qualité de la traduction des œuvres arabes puisqu'il a mentionné par exemple que la traduction du chapitre sur la mensuration est insatisfaisante (van der Waerden 1985, p. 5). Et il conclut que le temps n'est pas encore venu d'écrire une histoire des mathématiques arabo-musulmanes. Son appel sera presque immédiatement entendu par un historien qui a précisément consacré sa vie à combler cette grande lacune historique. Puisque après Duhem, l'un des grands historiens qui s'est distingué tant par l'ampleur, l'originalité et la profondeur de ses travaux est sans aucun doute Roshdi Rashed. Ce dernier a fait à la mathématique ce que le premier avait fait à l'astronomie et la physique. Cette section n'aurait jamais vu le jour sans sa traduction magistrale de l'ouvrage du mathématicien de Bagdad. Celui-ci est l'une de ces œuvres qui échappe à la règle classique de traduction et qui consiste à rendre un texte dans une autre langue aussi fidèlement que possible. L'historien, en raison de son expertise en la matière, est mieux placé que quiconque pour mener à bien cette tâche délicate car elle présuppose de surcroît une connaissance approfondie du contexte scientifique de la composition de l'œuvre. L'auteur a en effet écrit 80 pages pour nous introduire son objet, ce ne sont pas ici les caprices de l'historien. C'est la langue, la structure et les enjeux de l'œuvre en question qui lui en imposent.

Nous ne prétendons pas discuter ici toutes les questions soulevées par cette œuvre originale. Deux questions retiendront toutefois notre attention : le timing et sa signification épistémologique. Cette œuvre fondatrice est apparue vers 820 soit au début du IXe siècle. Une date historique qui a retenu l'attention de Rashed pour des raisons différentes de celles classiquement avancées. Beaucoup d'historiens s'étonnent déjà de la rapidité avec laquelle la civilisation arabo-musulmane a assimilé les contributions de ses prédécesseurs avant d'être créative. Cette périodisation dominante de la tradition arabe est battue en brèche par cette remarque perspicace de notre historien :

> « On ne souligne pas assez que la recherche mathématique en arabe commence d'une manière pour ainsi dire paradoxale. En même temps que l'on introduisit les *Eléments* d'Euclide et l'*Almageste* de Ptolémée, on en profitait pour consommer la première rupture avec la tradition hellénistique. Autrement dit, en même temps que l'on se met à l'école des mathématiques hellénistiques, on s'en écarte. » (Rashed 2011, p. 44)

Voici une remarque si importante qu'elle mérite qu'on s'y attarde afin de comprendre la révolution qui est en train de se produire. Rashed ne fait que constater le début d'une innovation majeure qui a l'air de commencer avant même d'assimiler le savoir de l'ancienne tradition. Le paradoxe est que nous assistons à un changement presque immédiat de paradigme en mathématique, ou plus exactement à l'avènement d'un nouveau paradigme avant que l'ancien ait quelque chance de s'installer. Voici l'exemple de l'histoire d'une science dont la transformation ne rentre pas dans le cadre schématique de la doctrine sociologique des sciences, qui rappelons-le, a affecté récemment même les mathématiques. Celles-ci qui sont souvent prises comme un modèle de rationalité ont été marginalisées pour ne pas dire annexées par les historiens de la physique comme si cette vieille discipline n'avait pas connu de révolution avant le XVIIe siècle. Le génie d'Euclide est justement d'avoir réussi le coup de force d'ériger la géométrie en tant que paradigme des mathématiques : tout doit être exprimé en termes géométriques, et la structure axiomatique de son chef d'œuvre prouve que la géométrie est parvenue à son achèvement ou presque, et les quelques résultats qui seront obtenus plus tard ici et là par les mathématiciens hellénistiques ne font que s'inscrire dans le cadre du paradigme euclidien.

Alors qu'Euclide est célèbre pour avoir clôturé une vieille tradition que les grecs ont héritée des égyptiens, al-Khwārizmī le serait pour en avoir inauguré une nouvelle. Est-ce le fait d'un hasard ? Comment expliquer qu'il faudrait attendre jusqu'au IXe siècle, soit plus de 1300 ans après l'achèvement de la géométrie, pour que la seconde discipline fondamentale des mathématiques voie enfin le jour ? Et pourquoi la première innovation majeure de la tradition arabe vient-elle plus précisément des mathématiques ? Telles sont les questions auxquelles nous tenterons d'apporter quelques éléments de réponse dans les sections suivantes.

2.1. L'algèbre en tant que nouvelle conception de la science : la science utile

Contrairement à la géométrie, nous savons exactement pourquoi l'algèbre s'est constituée en tant que discipline mathématique. C'est le mathématicien lui-même qui nous en donne la réponse dans son introduction, et elle se résume en un mot : l'utilité. Et il distingue les deux moments de l'utilité de la nouvelle science en deux passages. Le premier moment est son utilité immédiate : il mentionne les domaines où sa science peut significativement contribuer à leur développement. Après avoir souligné sa dette envers le calife qui l'a exhorté à composer son calcul de l'algèbre et d'*al-muqābala*, al-Khwārizmī ajoute :

> « J'ai voulu qu'il renferme ce qui est subtil dans le calcul et ce qui en lui est le plus noble, ce dont les gens ont nécessairement besoin dans leur héritages, leurs legs, leurs partages, leurs arbitrages, leurs commerces, et dans tout ce qu'ils traitent les uns avec les autres lorsqu'il s'agit de l'arpentage des terres, de la percée des canaux, de la mensuration, et d'autres choses relevant du calcul et de ses sortes. » (in Rashed 2007, p. 94)

Pour saisir l'enjeu socio-épistémique de ce passage et comprendre pourquoi il fallut attendre aussi longtemps pour que cette nouvelle conception de la science apparaisse, lisons cette opinion exprimée par Platon au sujet du rôle de l'arithmétique qu'il lui assigne dans sa *République* (525c) :

> « Il conviendrait donc, Glaucon, de prescrire par une loi, et de persuader à ceux qui doivent remplir les hautes fonctions publiques de se livrer à la science du calcul, non pas superficiellement, mais jusqu'à ce qu'ils arrivent, par la pure intelligence, à connaître la nature des nombres ; et de cultiver cette science non pas pour les servir aux ventes et aux achats, comme les négociants et les marchands, mais […] pour faciliter la conversion de l'âme du monde de la génération vers la vérité et l'essence. »

On peut comprendre ce passage comme une tentative de la part de l'auteur de la *République* d'inciter les mathématiciens à s'intéresser à l'arithmétique pour elle-même au même titre que la géométrie ; mais il le fait en rappelant le statut social inférieur, comme nous l'avons déjà vu, des activités pratiques. Un jugement de valeur que le philosophe-roi voudrait bien voir instituer par une loi afin de s'assurer que les mathématiciens, en tant que gardiens de sa *République*, ne deviendraient pas comme les négociants et les marchands qui semblent dévaloriser la science du calcul en la faisant servir à des fins pratiques. Pour que les mathématiques se développent davantage, il aurait fallu rompre avec ce statut épistémologique qui leur est assigné par le patron de l'Académie. Or d'après les témoignages qui nous sont parvenus, cette conception n'a pas fait l'objet de contestation et encore moins de rupture. L'histoire suivante qui nous est rapportée par le doxographe et compilateur Stobée (Ve siècle) ne fait que confirmer l'adhésion des mathématiciens à l'idéal platonicien :

> « Un étudiant qui a commencé à apprendre la géométrie avec Euclide, lorsqu'il a appris son premier théorème, demande à Euclide : « mais que gagnerai-je en apprenant ces choses ? » Euclide demande alors son esclave et dit « Donne-lui quelques pièces de monnaie, puisqu'il doit retirer profit de ce qu'il apprend. »

C'est ce qui explique peut-être pourquoi les *Eléments* ne comporte que la partie théorique, comme si l'activité pratique, bannie du paradis par le philosophe-roi, aurait affecté la vie éternelle de son chef d'œuvre. Or al-Khwārizmī, qui connaissait bien l'œuvre du géomètre, a pris la structure de celle-ci à contrepied en consacrant le second livre, d'égale longueur au premier, aux domaines de l'application de l'algèbre signalant par là le triomphe d'une nouvelle approche scientifique.[15] Et pour renverser cette conception des mathématiques et de la science en général qui a dominé durant les périodes hellènes et hellénistiques, il aurait fallu une révolution, au sens propre du terme, socio-épistémique où la pratique est non seulement valorisée par la société mais où elle est reconnue par ses intellectuels comme faisant partie intégrante de la construction et du développement du savoir. Quant à la seconde utilité, elle transcende le contexte culturel dans lequel la science a pris naissance. Cette seconde raison, qui est aussi forte que la première, en découle immédiatement: si son algèbre est utile à son époque elle le sera aussi à la postérité, en espérant que celle-ci lui soit reconnaissant des efforts qu'il a fournis pour avoir composé son ouvrage afin qu'il soit utile au reste de l'humanité. Al-Khwārizmī introduit par modestie cette utilité universelle de la science en parlant de façon générale et non de lui-même en personne, une modestie qui indique son humanisme.

> « Les savants du temps passé et des nations d'antan continuaient d'écrire les livres qu'ils composaient dans les diverses sortes de la science et les divers aspects de la sagesse, en vue de ceux qui leur succéderaient et en prévision d'une récompense, dans la mesure de leur capacité et en espérant retirer récompense, richesse et renommée, et garder la langue de la vérité devant laquelle s'amenuisent la plupart des ressources engagées et la difficulté qu'ils ont endurée pour élucider les secrets de la science et ce qu'elle renferme d'obscur. » (pp. 92-94)

Après avoir inscrit l'utilité de la science dans l'histoire, le mathématicien nous expose ensuite dans ce passage tout à fait moderne sa conception du développement de la science.

---

[15] Cette seconde partie révèle qu'al-Khwārizmī possède une formation juridique solide dans la tradition de l'école hanafite. De cette partie qui traite, entre autres, des problèmes relatifs à l'héritage et testaments et de leurs solutions, van der Waerden admet, dans son *A History of Algebra*, « they require considerable understanding of the Islamic law of inheritance. » (van der Waerden 1985, p. 7).

« Ou bien c'est un homme qui est parvenu le premier à <découvrir> ce qui n'était pas découvert avant lui et l'a légué après lui ; ou bien un homme qui a expliqué ce que ses prédécesseurs avaient laissé inaccessible, pour en éclairer la méthode, en aplanir la voie et en rapprocher l'accès ; ou bien un homme qui a trouvé une faille dans certains livres, et qui alors a rassemblé ce qui était éparpillé, a redressé sa stature en ayant bonne opinion de son auteur, sans renchérir sur lui et sans s'enorgueillir de ce que lui-même a réalisé. » (p. 94)

Al-Khwārizmī distingue trois types de savants qui participent au progrès de la science correspondant à trois moments importants de sa construction : 1. un moment de création ; 2. un moment d'assimilation et de développement ; et 3. un moment de révision et de correction. L'algébriste est non seulement conscient qu'il est l'auteur de ce moment de création de l'algèbre mais, ce qui est le plus important, qu'il ne fait que commencer un de ses chapitres malgré la rigueur et la systématique de son exposition. Et il s'attend à ce que la toute jeune discipline mathématique soit davantage développée par ses successeurs et pourquoi pas rectifiée voire transformée. C'est que son œuvre n'a pas fermé et ne peut fermer une science qui laisse entrevoir les nouveaux horizons infinis de son développement. Ce passage où le chercheur éminent du *Bayt al-Ḥikma* (ou Maison de la Sagesse) parle des « savants du temps passé et des nations d'antan » montre qu'il a tiré les leçons épistémologiques de ses premiers travaux[16] qui lui ont appris que la construction de la science est une entreprise interculturelle : écrire c'est plus que communiquer, écrire c'est collaborer ; une collaboration spatio-temporelle qui transcende les cultures en raison de l'utilité universelle de la science : il est ainsi de l'intérêt de chaque nation de chercher la science, de la cultiver et de la développer si elle veut former une société instruite et prospère.

L'engagement attesté des savants comme al-Khwārizmī signale une transformation radicale du *Bayt al-Ḥikma*. Contrairement à une opinion généralement répandue, l'activité de traduction n'est pas ce qui fait son importance ni même le fait qu'elle soit un centre de recherche scientifique, ce qui fait la signification historique de la prestigieuse institution réside dans le fait qu'elle représente une réponse du pouvoir politique à l'exigence croissante d'une société de la construction d'une nation fondée sur *al-ʿilm* (العلم) ou la connaissance.[17] C'est

---

[16] Rappelons qu'al-Khwārizmī est aussi un astronome puisqu'il a rédigé les tables astronomiques qui sont connues sous son nom, plusieurs traités sur les instruments ainsi qu'un livre, dont la version arabe n'existe plus aujourd'hui, sur le calcul indien. Ces travaux montrent qu'il avait une connaissance solide de la tradition indienne tout en étant bien informé de la tradition grecque.

[17] Rashed nous décrit ici l'essentiel de ce phénomène sans précédent de la formation d'une société fondée sur le savoir :

« L'essor de ce mouvement de traduction et de recherche, rappelons-le, n'est nullement indépendant de la recherche novatrice dans les sciences sociales et humaines ; il doit également sa vigueur à la constitution de nouvelles couches

cette demande massive et sans précédent du savoir par une société hautement cultivée qui a donné lieu au développement de l'industrie du papier ; une nouvelle technologie qui a révolutionné entre autres la pratique scientifique en rendant obsolète tous les autres moyens de communication écrite.

Nous avons ici une nouvelle situation socio-épistémique où la science et la société sont en parfaite interaction : les besoins de la société déterminent et orientent les recherches scientifiques et les résultats de celles-ci contribuent davantage à l'éducation de la société et à sa prospérité. Et c'est en cherchant à être utile à la société que la science participe à son propre développement en bénéficiant à son tour de tout son soutien et de sa confiance inébranlables dont il a besoin. En inaugurant le mode de développement moderne où la science fait partie intégrante de la puissance et de la prospérité des nations, la civilisation arabo-musulmane a montré au reste du monde que dorénavant la grandeur des nations est entre les mains des savants. C'est ce qui explique pourquoi les grandes bibliothèques du monde se sont disputé la possession de leur héritage après leur déclin politico-économique ou comme le dit Duhem du « Tribut des arabes avant le XIIIe siècle » (le titre qu'il donne au chapitre 4, tome 3 de son *Système du monde*) : d'Oxford à Hyderabad en passant par Berlin, Paris ou encore Saint-Pétersbourg ; ce qui ne facilite pas le travail des chercheurs.

2.2. Contexte socio-épistémique du commencement de l'algèbre du VIIIe siècle

Si les intellectuels arabo-musulmans ont unanimement reconnu la paternité de l'algèbre à al-Khwārizmī, les historiens modernes étaient plus réticents et ont cherché à le désavouer en essayant de remonter vers ce moment mythique de création. Contrairement à van der Waerden qui a très vite conclu que « il est difficile d'expliquer l'algèbre d'al-Khwārizmī à partir des sources grecques et indiennes (The algebra of Alkhwarizmi can hardly be accounted for on the basis of the Greek and Indian sources) » (p. 286) ; de nombreux historiens ont pensé autrement. C'est ainsi qu'à partir du XIXe, ils se sont livrés à un véritable travail archéologique pour traquer l'histoire d'une science dont l'origine leur semble énigmatique. Et quand on parle d'origine, cela signifie souvent que le point de départ doit se trouver quelque part dans la pensée mathématique grecque. C'est justement la première piste qui a été privilégiée comme l'illustre le titre du livre de

---

urbaines, demandeuses de ces « sciences rationnelles ». Les nombreux travaux des linguistes, des juristes, des théologiens… au cours de la seconde moitié du VIIIe siècle notamment, avaient en effet tissé un milieu d'accueil pour les nouvelles sciences ; elles leur offraient une langue élaborée, en mesure d'exprimer tous les savoirs, et des questions dont la solution appelée de nouvelles recherches. Les nouvelles couches des administrateurs d'autre part, celle des *kuttāb*, avaient besoin pour la formation de leurs cadres d'une arithmétique, d'une langue adaptée et d'une culture générale dans les différentes branches du savoir. Ajoutons à cela les exigences de l'Empire en astronomie, en géographie, et en techniques d'urbanisation. » (Rashed 2007, p. 17)

Jacob Klein *Greek Mathematical Thought and the Origin of Algebra*. Après que ces recherches se sont soldées par un résultat négatif, les chercheurs se sont tournés ensuite vers la piste indienne. Ces historiens, qui visent à lier certaines techniques algébriques d'al-Khwārizmī à ses prédécesseurs afin de conforter leur thèse, ignorent chemin faisant ce qui fait la nouveauté du projet, qu'il s'agit justement d'expliquer, et que l'on peut résumer, comme l'explique Rashed, en trois idées fondatrices : classification a priori des équations, description générale des algorithmes correspondant à chaque type d'équations, justification de la correction des algorithmes (Rashed 2007, p. 49). Si ces questions de fondement n'ont pas été abordées par les historiens c'est parce que le *Kitāb al-jabr* est l'un de ces ouvrages qu'on appelle en arabe *al-mughnī* c'est-à-dire celui qui rend caduque la lecture de presque tout ce qui a été écrit avant lui. Comment peut-on attendre pour ne pas dire exiger du fondateur d'une nouvelle science qu'il nous cite des sources antérieures qui n'ont pas grand-chose à voir avec ses travaux de fondement ? Pourquoi, par exemple, la lecture de *l'Organon* ne permet-elle nullement d'expliquer la composition du *Begriffsschrift* ? Pour comprendre comment Frege a fondé la logique moderne, il faut examiner les recherches de son temps et non celles entreprises il y a 2300 ans ! Quand on abandonne cette conception par saut de l'histoire sous-jacente à la recherche d'une origine mythique, on trouve alors qu'al-Khwārizmī a bien mentionné l'origine de son projet, qu'il a bien indiqué les sources des concepts sur lesquels il a fondé sa science. C'est l'intuition géniale de Rashed : sa lecture systématique et perspicace de toute l'œuvre ainsi que la culture de son auteur l'ont irrésistiblement renvoyé aux recherches scientifiques de son temps qui ont créé un nouveau contexte socio-épistémique :

> « La culture scientifique du jeune al-Khwārizmī est d'un homme du VIIIe siècle. […] Au cours du VIIIe siècle, ce sont les disciplines que d'aucuns diraient aujourd'hui sociales et humaines, qui accueillaient la majeure partie de la recherche novatrice. On traitait de tous les domaines de la linguistique : phonologie, morphologie, prosodie, lexicographie, etc. ; de l'histoire et des disciplines auxiliaires – critique des témoignages, critique des hommes, etc. ; de l'herméneutique et de ses techniques ; de la théologie rationnelle où l'on débattait aussi de questions cosmogoniques, physiques, logiques, etc. ; des différentes disciplines juridiques ainsi que des fondements de la jurisprudence (*uṣūl al-fiqh*). Ce sont là les disciplines que l'on nommait déjà « sciences des arabes », ou « sciences de transmission », c'est-à-dire relatives à des domaines liés à la révélation prophétique, même si elles-mêmes sont laïques. Cette activité scientifique répondait à des raisons profondes et trouvait ses racines dans la nature même de la nouvelle société et son idéologie. » (Rashed 2007, p. 16)

En analysant la terminologie linguistique dans laquelle est rédigée la nouvelle discipline, Rashed a démontré quelque chose qui pourrait surprendre aujourd'hui les historiens et les philosophes mais pas les linguistes et les philologues : en tant que fruit de recherches juridico-linguistiques, l'algèbre est une rationalisation pour ne pas dire une formalisation d'une pratique existante, en l'occurrence la pratique juridique ; une première dans l'histoire des sciences.

> « Tout se passe donc comme si al-Khwārizmī pour « rationaliser » les pratiques calculatoires des juristes, avait choisi de les intégrer à un domaine plus vaste, celui d'un calcul sur les inconnues fondé en théorie. Et c'est en ce sens que les recherches des juristes peuvent être dites l'un des points de départ du mathématicien. » (Ibid., p. 29)

Durant leurs investigations linguistiques qui sont parmi les recherches les plus avancées sur la civilisation arabo-musulmane, les arabisants n'ont en effet pas hésité à rapprocher deux disciplines qui semblent a priori avoir peu de chose en commun : l'algèbre et l'arabe. Les arabes ont toujours été fascinés par la structure de leur langue qui éclaire les significations par le système croisé des racines consonantiques et des schémas de dérivation. Les arabisants n'ont pas été insensibles non plus à ce qui fait la spécificité de l'arabe. C'est ainsi que Jacques Berques déclare que ce « qui me frappe, c'est l'extrême motivation de ce langage arabe, et j'allais dire son agressive clarté... du fait de la limpidité des dérivations, du fait des exigences d'une logique grammaticale imperturbable. » (in Charnay 1967, p. 17) et il ajoute un peu plus loin : « sans le *garib* [mots et formes grammaticales rares] auquel recourent les poètes, sans le dialecte, qui remonte toujours de partout, sans l'influx des termes étrangers, sans l'infinité savamment aménagée des ressources lexicales, la *lugha* [langue] aurait péché par l'excès de mathématique et de l'intelligibilité. Elle serait devenue une langue de paradigmes » (in Charnay 1967, p. 18). Louis Massignon exprime un autre aspect de la spécificité de l'arabe qui met subtilement en jeu compréhension, lecture et grammaire : « il faut, pour épeler, vocaliser ; pour apprendre à lire il faut comprendre ; il faut savoir analyser grammaticalement la phrase » (Massignon 1969, p. 575). On ne peut en effet lire un texte sans le comprendre car on n'écrit que les consonnes qui forment la racine, faisant par là abstraction des voyelles. Ce qui n'a pas sans incidence sur l'explication des textes où l'analyse grammaticale n'est pas un simple instrument auxiliaire, mais fait partie intégrante de leur interprétation. Ce type d'écriture, ajoute Massignon, est parfaitement adéquat non seulement au moule de la langue, mais aussi à l'esprit arabe lequel ferait preuve d'une grande capacité d'abstraction ; et il ajoute : « ce n'est pas par hasard, dit-il, si le x algébrique nous vient des arabes, plus exactement de la notation andalouse du mot *shay'* « chose », « objet », « quelque chose », ou « rien » dans les propositions négatives » (ibid., p. 579). C'est ce goût pour l'abstraction et l'imagination abstraite, stimulé par les symboles de la langue et de leur forme qui varie selon la position qu'ils occupent, qui explique le développement de la calligraphie ; un art qui n'a cessé de s'épanouir jusqu'à aujourd'hui. Voici comment René Etiemble, par exemple, caractérise la beauté de l'écriture arabe en la comparant à la chinoise :

« Avec la chinoise, quelle autre langue que l'arabe produisit tant de calligraphies ? Tant de calligraphies aux canons irréprochables ? ... Ce qui m'étonne plutôt, et que j'admire : que des écritures en leur principe aussi étrangères (l'une représentative, concrète : idéogrammatique, riche de milliers de caractères ; l'autre algébrique, abstraite : alphabétique, réduite à quelques signes) ait si vite et si durablement produit des formes belles, et si diversement telles. » (Etiemble 1973, p. 135.)

Nous verrons que l'intuition des linguistes qui consiste à rattacher l'algèbre à la langue, en remarquant une espèce de similitude de leur structure, sera confirmée par l'analyse de l'historien des mathématiques. Comment une langue, aussi spécifique soit-elle, que l'on rattache aujourd'hui, en tant que discipline littéraire, à la faculté des lettres peut-elle être l'origine de l'élaboration d'une nouvelle discipline scientifique ? La réponse est simple : au même titre que les études juridiques, les arabes considèrent comme science la grammaire de leur langue et par extension toute discipline qui prend celle-ci comme objet d'étude;[18] s'agit-il d'un logocentrisme de la société arabe ? Ou d'une prétention culturelle qui relève plus du mythe que de réalité ? On verra qu'il n'en est rien ; poussé par le désir de découvrir le secret de l'arabe, la réflexion sur sa structure particulière et son rapport avec le réel ont amené les linguistes du VIIIe siècle à recourir aux mathématiques pour développer les sciences du langage.

2.3. Origine juridico-linguistique de l'algèbre

Par origine nous entendons donc ce contexte socio-épistémique dont la connaissance est nécessaire afin d'éclairer les circonstances de la conception du projet d'al-Khwārizmī et de faire comprendre sa démarche fondatrice. Ce contexte est dominé par des recherches juridico-linguistiques très avancées qui ont conduit à la formation des deux premières disciplines scientifiques dans la tradition arabe. Les sciences linguistiques et juridiques ont fourni au chercheur célèbre du *Bayt al-Ḥikma* la source d'inspiration de son œuvre et la fin de sa composition. Tout en s'inspirant des méthodes et de la terminologie de ces deux disciplines, al-Khwārizmī a tenté de forger une méthode mathématique rigoureuse et un langage clair et propre à l'algèbre. Un vocabulaire que ses successeurs chercheront à purifier et à raffiner au fur et à mesure du développement de la jeune discipline. Nous étudierons brièvement trois concepts clés que le mathématicien a emprunté aux juristes et linguistes de son époque pour montrer que l'algèbre n'aurait jamais

---

[18] La grande arabisante Nadia Anghelescu nous explique comment les arabes ont réussi à faire de la grammaire de leur langue une science : « Les recherches plus récentes de Bohas et de Guillaume dans le domaine de la morphologie et de la phonologie et nos propres recherches dans le domaine de la syntaxe démontrent que les grammairiens arabes décrivent le système de la langue partant d'un nombre réduit de principes unificateurs, ce qui assure à leur œuvre le caractère *théorie* de la langue. » (Anghelescu 1998, p. 111 ; souligné par l'auteur)

vu le jour sans cette interaction tri-disciplinaire qui a eu lieu au VIIIe siècle à Dar al-Salām, Bagdad.[19]

2.3.1. Classification a priori et combinatoire ou la méthode des linguistes

L'algèbre est la première science qui, une fois constituée, n'a pas connu des moments d'interruption ou de stagnation durant son développement jusqu'à nos jours ; elle a connu des changements importants voire même révolutionnaires mais pas d'interruption ni de stagnation ; la raison est simple : c'est l'intelligibilité de sa fondation. Ce qui explique son succès immédiat et son rapide développement par ses successeurs qui ont exploré toutes les possibilités créées par le nouveau projet. Comment al-Khwārizmī a-t-il fondé alors cette nouvelle discipline ? Et que doit-il aux travaux des linguistes ? Pour le savoir, discutons comment il a exposé son sujet qu'il a entamé comme suit :

> « Quand j'ai examiné ce dont les gens ont besoin en calcul. » (in Rashed 2007, pp. 96-97)

Comme nous l'avons souligné à plusieurs reprises, il y a avait un besoin pour le calcul à cette époque, un besoin qui est exprimé par plusieurs tentatives des juristes de développer un calcul pour les aider à régler des problèmes concrets relatifs, entre autres, à l'héritage et au partage des biens, aux transactions commerciales et au calcul de l'impôt. Les juristes ont en effet rédigé plusieurs ouvrages sur ces thèmes, mentionnons à titre d'exemple le livre, aujourd'hui perdu, d'al-Shaybānī intitulé « le calcul des testaments », l'un des thèmes qu'al-Khwārizmī reprendra dans la seconde partie de son *Kitāb al-jabr*. Le mathématicien entend apporter sa contribution pour régler les problèmes de son temps ; la suite de la phrase, mentionnée ci-dessus, nous précise comment :

> « J'ai trouvé que tout cela se ramène au nombre et j'ai trouvé que tous les nombres sont composés à partir de l'unité. » (Ibid.)

L'expression « j'ai trouvé », qu'al-Khwārizmī utilise plusieurs fois, clairement indique que l'algèbre qu'il expose est le fruit de recherches pour ne pas dire de longues recherches sur les pratiques de calcul existantes. L'auteur est pleinement conscient de la nouveauté de son œuvre et de la radicalité avec laquelle il a abordé ces problèmes concrets, et c'est pourquoi il appelé son livre *Kitāb al-jabr wa al-muqābala*, un titre tout à fait différent de ceux qui sont publiés en la matière avant lui. Remarquons que l'expression « tout cela se ramène au nombre », souligne la systématique et la rigueur de sa méthode, ce qui fait l'originalité de son œuvre : réduire la multiplicité infinie des problèmes concrets à un nombre fini de procédés

---

[19] Nous renvoyons pour plus de détail à l'introduction de Rashed. Signalons au passage que si al-Khwārizmī ne mentionne pas explicitement les sciences juridiques et linguistiques comme source majeure de son inspiration, c'est tout simplement parce que la manière par laquelle il a conçu son ouvrage ne lui permet pas de donner ce genre de détails d'autant plus qu'il nous a averti de la concision de son style.

qu'il faudrait ensuite justifier théoriquement. Et il précise dans le passage suivant ce qu'il entend par nombre :

> « J'ai trouvé les nombres dont on a besoin dans le calcul d'*al-jabr* et d'*al-muqābala*, selon trois modes qui sont : les racines, les carrés, et le nombre simple, qui n'est rapporté ni à une racine, ni à un carré. » (Ibid.)

En introduisant les termes primitifs de l'algèbre à savoir x, x^2 et une constante ou de façon générale bx, ax^2 et c ; l'algébriste se donne d'emblée l'équation comme une notion primitive qu'il n'a pas besoin de définir. Soulignons au passage que le terme arabe utilisé par al-Khwārizmī pour désigner x^2 est *māl*, littéralement bien, et non *carré*, un terme géométrique qu'il réserve exclusivement aux figures afin de montrer l'indépendance de la nouvelle discipline. Puis il annonce les fameux six types canoniques d'équation du premier et du second degré, d'abord les équations simples :

> « Parmi les trois modes, certains sont égaux aux autres ; par exemple lorsqu'on dit : des carrés sont égaux à des racines, des carrés sont égaux à un nombre et des racines sont égales à un nombre. » (Ibid.)

Soit en traduction symbolique : $ax^2 = bx; ax^2 = c; bx = c$. Soulignons la précision de l'expression du mathématicien, il a introduit les formules en disant « par exemple lorsqu'on dit » car il est possible de formuler les équations dans l'ordre inverse : $bx = ax^2; c = ax^2; c = bx$. Ce qui suggère qu'al-Khwārizmī devait avoir une certaine idée, quoiqu'elle soit vague, de la commutativité de l'égalité. Vient ensuite l'annonce du reste :

> « J'ai trouvé que ces trois modes – les racines, les carrés et le nombre – se combinent, et on aura les trois genres combinés, qui sont : des carrés plus des racines sont égaux à un nombre ; des carrés plus un nombre sont égaux à des racines ; des racines plus un nombre sont égaux à des carrés. » (Ibid., p. 100)

Soit en termes symboliques : $ax^2 + bx = c; ax^2 + c = bx; bx + c = ax^2$.
Cette exposition soulève plusieurs questions, en particulier le nombre des éléments primitifs et la distinction des équations en deux types suggèrent une certaine classification a priori. Notons que dans le premier et le troisième passage figure l'expression « j'ai trouvé » ; et le dernier passage comporte le terme « combiné (*muqtarina*) ». De plus l'annonce des équations n'est pas introduite par l'expression « par exemple lorsqu'on dit », ce qui suggère que la formulation des équations combinées n'est pas aussi immédiate que celle des équations simples. C'est qu'il y a une méthode qui lui a permis de les découvrir et que le mathématicien a probablement estimé qu'il n'est pas approprié de mentionner ce genre de détails pour des raisons de concision, de simplicité et de systématique de l'exposition. Quelle est la méthode sous-jacente à cette exposition simple mais rigoureuse qui n'a rien laissé au hasard ? La question est importante car cette

présentation ne peut être rattachée aux pratiques antérieures, et d'autre part l'algébriste ne peut en aucun cas la trouver à partir de la résolution des problèmes pratiques, aussi nombreux soient-ils. Autant de questions qui demeurent en suspens tant qu'on considère l'algèbre comme une simple discipline mathématique et non pas comme le fruit d'une nouvelle conception de la science forgée par un nouveau contexte socio-épistémique ; une conception qui, par le biais de l'utilité, ne sépare pas la théorie de l'action. C'est ici que nous faisons appel à l'incontournable introduction de notre historien dans laquelle il nous décrit brièvement le nouveau contexte socio-épistémique forgée par les recherches scientifiques de cette époque :

> « Le développement des disciplines sociales et humaines et les liens entretenus avec les sciences des anciens eurent entre autres effets de modifier la conception même de l'Encyclopédie du savoir. Désormais les disciplines juridiques et les différentes branches de la linguistique côtoient toutes les autres sciences au sein de la nouvelle Encyclopédie. » (Ibid., p. 17)

Et il nous donne un exemple concret pour décrire l'impact épistémologique de l'émergence de la nouvelle rationalité où la science vise l'action :

> « Prenons un exemple traité plus loin, celui de la lexicographie. C'est bien une connaissance apodictique puisqu'elle est fondée sur une connaissance phonologique et une combinatoire. Mais son but lui est extérieur : composer un dictionnaire de la langue arabe. *Epistémè* et *Technè* ne sont donc pas exclusives l'une de l'autre, et une connaissance apodictique peut elle aussi avoir un but en dehors d'elle. Or cette nouvelle rationalité scientifique, on le verra, fut essentielle à l'élaboration de nouvelles disciplines comme l'algèbre. Tel est précisément le contexte dans lequel al-Khwārizmī a été formé. » (Ibid., pp. 17-18)

Le fondement de l'algèbre n'est donc pas un acte isolé, mais fait partie de ce contexte de fondement où elle figure parmi plusieurs projets de grande envergure qui ont marqué le VIIIe siècle : la composition des traités fondateurs des sciences juridiques, la composition du premier dictionnaire encyclopédique arabe, la composition du premier livre de grammaire. Or comment ces projets ont-ils été conçus ? Et par quels moyens ont-ils été réalisés ? Rashed n'a pas pris l'exemple de la lexicographie par hasard, c'est parce que la méthode par laquelle elle s'est développée est la même que celle qui sous-tend l'exposition systématique de l'algèbre. Autrement dit pour fonder sa nouvelle discipline, la méthode à l'œuvre est analogue à celle utilisée dans les disciplines scientifiques qui travaillent sur des projets similaires.

Résumons brièvement comment les recherches linguistiques ont conduit à la mise au point d'une classification à priori et au développement du calcul combinatoire. Composer un dictionnaire recensant tous les termes usuels d'une langue est un projet de grande envergure qui manifestement nécessite la participation de plusieurs collaborateurs. Or dès le VIIIe siècle, l'illustre savant arabe al-Khalīl (718-786) se donne justement comme projet de composer le premier dictionnaire encyclopédique arabe.[20] Voici une tâche presque impossible à accomplir puisque on voit mal comment il peut dénombrer presque tout seul tous les termes usuels. C'est là une erreur, le savant a trouvé dans les nombres un instrument puissant qui va l'aider à bien mener sa tâche ; mais quel est le rapport entre les mots et les nombres ? Et comment ceux-ci peuvent-ils l'aider à accomplir une tâche essentiellement linguistique ? Au cours de son travail lexicographique, al-Khalīl a fait une découverte capitale relative à la structure morphologique de la formation des mots arabes : l'importance de la racine dans la dérivation du vocabulaire ; les racines sont composées de 3 à 5 consonnes maximum et l'étude de leur fréquence lui a révélé que la majorité d'entre eux sont tri-consonantiques. Par arrangement des 28 lettres de l'alphabet, on peut obtenir a priori l'ensemble des racines et donc des mots de la langue possible en éliminant les redondances, selon la formule

$$A_n^r = r!\binom{n}{r}$$

avec $n = 28$ et $1 < r \leq 5$

---

[20] Ce savant distingué, qui représente le type idéal du savant non seulement pour le VIIIe siècle mais aussi pour la culture arabe des siècles suivants, est aussi à l'origine de la formation de la grammaire arabe qui sera développée plus tard par un de ses disciples Sībawayhi. Son génie est d'avoir adopté une attitude structuraliste à l'analyse du langage, on ne peut s'empêcher de donner son argument intuitif mais puissant pour justifier son structuralisme dynamique fondé sur les notions de causalité ('lla)/agent (āmil) qu'il adopte afin d'expliquer la flexion désinentielle de la langue arabe :

« Les arabes bédouins parlaient correctement d'eux-mêmes. Ils se rendaient compte des structures (mawāqi') de leur langue et dans leurs esprits s'est formée l'idée de justifier ces structures. Leurs justifications ne nous furent malheureusement pas transmises. Moi j'ai présenté les raisons qui m'ont semblé être des explications pour ce que je cherchais : si je suis tombé juste c'est le but même que je poursuivais. S'il existe une autre explication, c'est parce que je me trouve dans la situation de cet homme sage qui est entré dans une maison parfaitement construite, à la charpente merveilleusement assemblée, et où la sagesse de l'architecte lui est révélée soit par des informations dignes de confiance, soit par des preuves claires, soit par des arguments adéquats. Chaque fois qu'il examine un objet de la maison, il se dit : si le constructeur a fait cela c'est pour telle ou telle maison ou pour tel ou tel motif, ou c'est parce qu'il a considéré que c'était mieux ainsi, ou c'est parce que cela lui est simplement passé par la tête. Il est impossible que le sage bâtisseur ait agit pour cette même raison que suppose le visiteur, mais il se peut aussi qu'il ait agi pour une raison différente que l'on invoque. Si quelqu'un peut donner une autre explication causale que celle que moi-même j'ai donnée dans la grammaire et qui soit plus conforme au fait grammatical expliqué, qu'il le fasse donc. » (Cité par Az-zajjājī 1995, p. 89 ; voir aussi Anghelescu 1998, p. 98)

Bien qu'al-Khalīl ait laissé la porte ouverte à une meilleure approche des faits linguistiques que la sienne, personne n'a pu fournir depuis une meilleure explication alternative.

Différentes techniques peuvent être utilisées ensuite pour obtenir les termes de la langue usuelle ; la principale d'entre elle est la phonétique qui est d'ailleurs retenue comme critère de classification des mots du dictionnaire au lieu de l'ordre alphabétique. Les arabisants ont donc raison de rapprocher les mathématiques de la langue arabe puisque c'est la structure morphologique de celle-ci qui a rendu possible l'application des nombres aux termes de la langue, ce qui a donné lieu au calcul combinatoire dont sont bien conscients les lexicographes puisqu'ils appellent bien cette activité un calcul. Ce calcul a été effectivement utilisé pour la composition du *Kitāb al-'ain* (كتاب العين), le premier dictionnaire arabe, qui est pris comme modèle de composition des dictionnaires encyclopédiques par ses successeurs.

Le projet d'al-Khwārizmī est similaire. L'objet de son étude : les équations ; une équation est composée de trois éléments : x, x^2 et un nombre ; l'objectif : déterminer toutes les équations possibles en évitant les formules redondantes. S'agissant des équations simples, al-Khwārizmī semble les avoir obtenues immédiatement en égalant, comme il le dit, les trois termes les uns aux autres ou encore deux à deux ; c'est pourquoi il ne parle ni de « trouver » ni de « combinaison » comme il l'a fait dans le passage où il annonce le second type d'équations. Et ici, al-Khwārizmī devait recourir, comme les lexicographes, au procédé combinatoire pour s'assurer au moins qu'il n'y a que trois types d'équation qui peuvent être obtenues par combinaison des termes primitifs. En procédant à toutes les combinaisons possibles des trois éléments trois à trois, on obtient en effet quatre groupes d'équation

$$ax^2 + bx = c \qquad c = ax^2 + bx \qquad bx + ax^2 = c \qquad c = bx + ax^2$$
$$ax^2 + c = bx \qquad bx = ax^2 + c \qquad c + ax^2 = bx \qquad bx = c + ax^2$$
$$bx + c = ax^2 \qquad ax^2 = bx + c \qquad c + bx = ax^2 \qquad ax^2 = c + bx$$

Le choix des trois équations, qui sont formulées ci-dessus par al-Khwārizmī, nous montre déjà le développement potentiel qui attend l'algèbre puisque l'élimination des formules redondantes présuppose la commutativité de l'addition et de l'égalité.

2.3.2. Démonstration par la cause et *qiyās* ou le raisonnement des juristes

2.3.2.1. Démonstration par la cause

Les sciences juridiques non seulement représentent l'un des principaux champs d'action visés par l'algèbre ; leur raisonnement a aussi fourni à son auteur deux concepts fondamentaux qui lui ont permis de montrer la puissance et la fécondité de la nouvelle discipline en établissant des liens avec sa grande sœur, la géométrie. Et son problème est comment justifier l'usage qu'il fait d'une discipline dont les normes de rationalité sont différentes de celles de la nouvelle qu'il est en train justement de fonder. Et encore une fois, c'est la distinction des deux types d'équation quant à leur algorithme de solution qui a donné l'occasion à al-Khwārizmī d'introduire la géométrie. S'agissant des équations simples, une simple analyse suffit pour qu'il donne la solution générale des trois types d'équation. Quant aux équations combinées : al-Khwārizmī décrit leur algorithme de solution en commençant systématiquement par l'expression : « partage en deux moitiés le nombre des racines », voici un exemple de description de solution de l'équation $x^2 + 10\,x = 39$:

> « Partage en deux moitiés le nombre des racines [ici 10], il vient, dans ce problème, cinq, que tu multiplies par lui-même ; on a vingt-cinq ; tu l'ajoutes à trente-neuf, on aura soixante-quatre ; tu prends la racine qui est huit, de laquelle tu soustrais la moitié du nombre des racines, qui est cinq. Il reste trois, qui est la racine du *carré* que tu veux, et le *carré* est neuf. » (Rashed 2007, pp. 100-101)

Ce qui est frappant dans la formulation de ses algorithmes, c'est qu'al-Khwārizmī semble viser à décrire d'une manière générale, indépendamment même de la langue utilisée, une suite d'instructions qu'il suffit d'exécuter pour trouver la solution concrète d'un certain type de problèmes. Ce n'est justement pas un hasard si le mot algorithme provient de son nom. Conçu en tant que calcul, l'algèbre s'intéresse plus au résultat qu'à la question de sa propre justification ou plus exactement à l'intelligibilité de toutes les étapes qui conduisent au résultat correct. En l'occurrence, la question de savoir pourquoi, par exemple, il faut commencer par diviser par deux le nombre des racines importe peu à celui qui cherche à trouver la solution d'un problème concret qui relève du second type d'équations. Mais quand il s'agit de comprendre la raison d'être de cette étape importante, al-Khwārizmī n'a pas cherché à l'expliquer par le calcul, ce qu'il aurait pu faire, mais par construire un autre procédé plus intuitif qui permet de démontrer sa nécessité ou du moins l'élucider. C'est ici qu'al-Khwārizmī emprunte aux juristes la notion de démonstration par la cause. Il ne suffit donc pas de décrire l'algorithme, il faudrait aussi justifier ses étapes surtout celles qui semblent moins intuitives. La géométrie représente ce procédé diagrammatique par lequel on comprend intuitivement une étape essentielle du calcul algébrique : la nécessité de partager en deux moitiés le nombre des racines. L'idée sous-jacente est que la nécessité géométrique implique la nécessité algébrique. L'idée géniale d'al-Khwārizmī est de démontrer la fécondité de l'algèbre en établissant une correspondance entre ses objets et ceux de la géométrie : x^2 correspond à l'aire d'un carré, la racine x à son côté, $b\,x$ à l'aire d'un rectangle, c est une grandeur. Pour chaque algorithme, al-Khwārizmī a construit, comme il le dit, une figure géométrique appropriée où il montre concrètement le partage du nombre des racines en deux qui intervient au cours de sa construction et non au début comme c'est le cas pour l'algorithme. En procédant ainsi il a pu démontrer comment les deux types de raisonnement parviennent au même résultat : il s'agit moins de donner une seconde démonstration que d'éclairer comment le raisonnement concret, intuitif et limité de l'un illustre le raisonnement abstrait, aveugle et illimité de l'autre, comme l'exprimera plus tard al-Khayyām : « la démonstration numérique [algébrique] de cette espèce est facile quand on en conçoit la démonstration géométrique » (ibid., p. 53). La figure reste toutefois dépendante du type d'équations à résoudre étant donné que c'est l'algorithme qui détermine sa construction. Al-Khwārizmī ne se fait donc aucune illusion sur la puissance du calcul algébrique puisque la correspondance entre les équations algébriques et les figures géométriques atteint très vite sa limite :

> « Quant à « cent plus un carré moins vingt racines, auxquels on additionne cinquante plus dix racines moins deux carrés » [$(100 + x^2 - 20x) + (50 + 10x - 2x^2) = 150 - 10x - x^2$], il ne lui convient pas de figure, car cela est composé de trois genres différents, des carrés, des racines et du nombre, et il n'y a pas avec eux ce qui leur est égal pour que cela puisse être représenté par une figure. Nous pouvons en avoir une figure, <mais> non sensible. Quant à sa nécessité, elle est évidente par l'expression...[21] » (Ibid., pp. 140-141)

Dans ce genre de situations qui seront les plus fréquentes, on ne peut procéder que par démonstration par l'expression c'est-à-dire algébrique indépendamment de l'intuition sensible des figures. La prochaine étape qui sera accomplie par ses successeurs est la généralisation de celle-ci et son indépendance vis-à-vis du raisonnement sur les figures qui se feront donc de manière naturelle au fur et à mesure que se développe le calcul algébrique. Al-Khwārizmī ouvre ainsi la voie à ses successeurs vers une plus grande généralisation de la démonstration algébrique. A mesure que le calcul algébrique gagne en généralité et en abstraction, il développera les moyens qui lui sont propres pour justifier ses techniques de démonstration. Et dans ce cas on ne parlera plus de démonstration par la cause mais plutôt de mode d'inférence pour caractériser la relation entre les formules particulières et les formules générales dont elles sont l'abstraction. Une relation qui n'est d'ailleurs pas étrangère à al-Khwārizmī puisqu'il en a fait appel implicitement d'abord pour caractériser le rapport entre les six équations et toutes les équations particulières qui apparaissent comme leurs instances; et explicitement ensuite pour déterminer la solution qui s'applique à toute équation particulière. Et ici encore une fois al-Khwārizmī reconnaît, après les linguistes, la pertinence du raisonnement juridique en introduisant *al-qiyās* pour expliquer la pratique algébrique.

2.3.2.2. *Al-qiyās*

Al-qiyās (القياس) est reconnu par les juristes comme l'un des principes du fondement du droit, et ils ne sont pas trompés car il s'est révélé un instrument

---

[21] Puis il décrit l'algorithme de solution de l'équation.

puissant qui a permis à la doctrine juridique de se développer à partir des seuls textes fondateurs. Littéralement, *qiyās* signifie mesure ; une signification qui renvoie à l'idée de comparaison et qui se développera par la suite pour avoir le sens technique d'analogie. Comme le précise bien Rashed dans son introduction, ce terme possède chez les juristes deux acceptions : l'analogie entre un nouveau cas et un autre, qui pour des raisons dogmatiques ou historiques, joue le rôle de modèle. C'est ainsi que, par exemple, la grammaire s'est constituée par analogie avec le droit qui, en tant que première science constituée, a joué le rôle du premier modèle de construction du savoir. Et l'algèbre à son tour était en train de se constituer par analogie avec les deux sciences qui la précèdent : le droit et la grammaire. C'est ce qui explique les emprunts d'ordre méthodologique et terminologique. A coté de ce sens général, il y a ce second sens beaucoup plus précis : l'analogie entre des cas particuliers et un modèle général. C'est dans ce sens que le mathématicien utilise le terme de *qiyās* pour décrire l'activité algébrique. Rashed a fait preuve d'une grande créativité pour capturer le sens spécifique que lui donne al-Khwārizmī en analysant un des exemples dans lequel il a été utilisé. C'est un chapitre dans lequel l'algébriste vise à montrer le genre de problèmes que l'on peut résoudre à l'aide du calcul algébrique. Prenons le même exemple que celui de Rashed :
Après avoir annoncé la formule de l'équation à résoudre qui s'écrit :
$$x^2 + (10 - x)(10 - x) = 58;$$
al-Khwārizmī ajoute immédiatement avant de donner la solution : « son *qiyās* ». Puis il effectue une série d'opérations arithmétiques sur les expressions algébriques au terme de laquelle il arrive à l'équation $21 + x^2 = 10x$; et il décrit ensuite l'algorithme de solution correspondant à l'équation du type : $c + x^2 = bx$. Rashed précise qu'al-Khwārizmī se contente parfois de renvoyer à la solution au lieu de la développer. L'algébriste semble ainsi appeler *qiyās* ce raisonnement de mise en forme (qui va du particulier au général) et l'application de l'algorithme correspondant (et ici on va du général au particulier). L'historien illumine le sens de *qiyāsuhu* en le rendant par « on l'infère ainsi » (Ibid., p. 51) et *qiyās* par « mode d'inférence » (Ibid., p. 106). Al-Khwārizmī met ainsi en évidence un nouveau mode de raisonnement plus général et plus abstrait que celui à l'œuvre en géométrie. Qu'est-ce qui a conféré ce degré de généralité au raisonnement algébrique ? Et si l'algèbre ne raisonne pas sur les figures, sur quoi porte alors son raisonnement ? Une troisième fois encore, al-Khwārizmī a trouvé son inspiration auprès des sciences juridiques et linguistiques.

2.3.3. La chose ou naissance d'une variable mythique

La notion de l'inconnue est tellement attachée à l'algèbre qu'on serait tenté de la baptiser comme une science de l'inconnue, en fait c'est par abréviation de la chose inconnue qu'on parle de l'inconnue. Le fameux x algébrique correspond à la notation sh, première lettre du mot arabe *shay'* (شيء) qui signifie chose. Comment un terme aussi ordinaire devient-il un concept fondamental non seulement de l'algèbre mais de toutes les mathématiques ? C'est du côté des juristes et des linguistes qu'il faut chercher un début de réponse. Puisque ce terme de la langue usuelle, qui a l'air d'être si anodin, a en fait fait couler beaucoup d'encre à cause d'un verset du Qur'ān où on lit : « Il [Dieu] ne ressemble à aucune chose (ليس كمثله شيء) » (verset 11, *sūrat* 42). Suite à ce verset, les exégèses, juristes, linguistes et théologiens, commencent à s'interroger sur la signification de la chose, faut-il l'entendre au sens formel ou matériel ? Et dans ce dernier cas, quels peuvent en être les propriétés essentielles ? L'enjeu est de taille car il s'agit de savoir si Dieu lui-même est une chose. A titre d'illustration, voici la réponse logico-combinatoire du célèbre savant al-Khalīl cité par Rashed : « il est une chose d'une chose, non chose de non chose, chose de non chose, non chose d'une chose » ; une combinaison de chose et de sa négation qui, d'après Rashed, « se conjugue ainsi comme une table de vérité » (ibid., p. 15). A la question : qu'est-ce qu'une chose ? Les grammairiens nous rappellent qu'elle est « le plus indéfini des indéfinis » ; beaucoup plus précise, la réponse des juristes et théologiens est d'ordre ontologico-épistémique : une chose renvoie à une existence certaine mais dont la connaissance que nous en avons est encore indéterminée. Référence, existence, connaissance sont trois concepts fondamentaux qu'al-Khwārizmī a su manier avec habileté pour résoudre un problème qui restait en suspens depuis la découverte des irrationnels. Il s'est emparé de la chose, dont la fécondité a été démontrée par les recherches de son époque, et il en a fait un concept mathématique puissant pour désigner indifféremment aussi bien les nombres rationnels que les irrationnels, accomplissant de facto l'élargissement de l'ontologie mathématique. Il s'agit moins d'accepter les irrationnels comme des nombres que de trouver le mécanisme qui justifie l'extension du concept de nombre. Comment en effet une entité, telle que la racine de 2, peut-elle être un nombre si la connaissance que nous pouvons en avoir est indéterminée ? Et comment peut-elle exister si sa détermination nous reste à jamais indéterminée ? C'est ici qu'al-Khwārizmī innove en adoptant une approche structurale au concept de nombre. Il a démontré que les irrationnels sont des nombres parce qu'ils obéissent aux mêmes règles de calcul que les rationnels ; et il a résolu le problème d'existence en les représentant par des segments de droite pour démontrer l'application des opérations arithmétiques à leur égard. A-t-il fini par retrouver Euclide ? Oui mais en faisant un détour qui semble masquer le fossé qui sépare les *Eléments* du *Kitāb al-jabr*. Pour le géomètre la racine de 2 est un segment de droite et le calcul sur les irrationnels est un calcul sur les segments. Pour l'algébriste, la chose, qui peut désigner entre autre les irrationnels, ne peut se confondre avec les objets de la géométrie ; un segment de droite est l'une des interprétations possibles de la chose, en l'occurrence la racine de 2, et le calcul sur les segments est l'une des interprétations possibles du calcul sur les expressions algébriques. Une attitude formaliste de l'algébriste décelée par Rashed :

« La notion d'irrationnel chez al-Khwārizmī se précise donc : elle repose sur un fond euclidien, aménagé pour accueillir les inconnus, lesquels peuvent aussi bien être des nombres que des segments. C'est en ce sens que la conception d'al-Khwārizmī est plus « formelle » que celle qu'on rencontre dans la tradition euclidienne, qui elle, porte sur les segments. Cet infléchissement « formel » trouve sa principale raison dans la position d'al-Khwārizmī : à aucun moment celui-ci ne pose la question de l'existence des quantités irrationnelles, mais il s'en tient au seul point de vue du calcul algébrique. Or c'est précisément ce parti pris qui lui a permis d'introduire la preuve géométrique pour les deux premières égalités, ainsi que l'idée séminale de la preuve algébrique pour les cas plus généraux. S'il faut conclure en un mot, on peut dire qu'al-Khwārizmī, en évitant cette question d'existence, expose, très succinctement il est vrai, la première interprétation algébrique de la notion euclidienne de l'irrationnel quadratique. Ce faisant il ouvre une brèche dans laquelle ne tarderont pas à s'engouffrer ses successeurs, à partir d'Abū Kāmil. » (Ibid., p. 48)

Il y a donc correspondance mais pas isomorphisme puisque le calcul sur une classe d'expressions algébriques, les trinômes, n'est pas susceptible d'interprétation géométrique. L'attitude moderne sous-jacente au *Kitāb al-jabr*, qui mettra certes longtemps à s'expliciter et se développer, est que les choses ne sont pas déterminées a priori mais, en tant qu'elles se réfèrent aux objets d'un domaine de rationalité, elles sont déterminées par les règles de calcul qui les régissent. Les mathématiques n'ont jamais atteint ce degré de généralité et d'abstraction et elles ne peuvent aller au-delà, et les œuvres postérieures ne font que confirmer cette vérité. Et pour cause, pour trouver des œuvres mathématiques où on invoque explicitement ce fameux terme, il faudrait attendre le XIXe siècle : on pense notamment aux ouvrages fondateurs comme *Was sind und was sund die Zahlen ?* de Dedekind qui commence par cette affirmation : « J'entends par *chose* tout objet de notre pensée » (souligné par l'auteur), ou encore *Les fondements de la géométrie* de Hilbert qui s'ouvre sur le célèbre passage : « Définition : Nous pensons trois systèmes différents de choses ; nous nommons les choses du premier système des points... ». Au même titre que l'algèbre, les objets de la géométrie deviennent à leur tour des choses quelconques ; ce qui n'est pas sans rappeler la révolution entamée par le mathématicien de Bagdad il y a dix siècles.

L'œuvre d'al-Khwārizmī a cristallisé à jamais la conception arabe de la science en tant qu'interaction entre théorie et action. Son *Kitāb al-jabr* a incarné le modèle par excellence de construction du savoir et guidera la pratique scientifique pour ses successeurs. En façonnant à jamais le destin des mathématiques comme nous le rappelle notre historien, il a aussi contribué à façonner toutes les autres disciplines scientifiques en tant que symbole du triomphe d'une nouvelle attitude épistémique. En plus de l'algèbre, ce qu'on appelait au VIIIe siècle les sciences arabes, comme l'a expliqué Rashed ci-dessus, ont été aussi à l'origine du développement d'une nouvelle conception de la rationalité qui a transformé deux autres traditions bien établies : aristotélicienne et ptoléméenne.

3. *Al-Ḥijāj* ou la logique de l'argumentation en tant que nouvelle conception de la rationalité

3.1. Acte I. Réfutation des aristotéliciens : les contre-modèles d'al-Qūhī

Aristote est le seul philosophe dont les œuvres ont été presque toutes traduites en arabe depuis le IXe siècle, ce qui a donné lieu à une tradition philosophique puissante souvent qualifiée d'aristotélicienne. Sur l'enjeu principalement juridico-politique de cet intérêt particulier pour ne pas dire exclusif pour le Stagirite, nous renvoyons à l'ouvrage de Dimitri Gutas (chapitre 4). C'est que la traduction des œuvres d'Aristote n'est pas idéologiquement neutre, ce qui explique qu'à peine sa philosophie commence-t-elle à se faire connaître et à circuler dans les milieux intellectuels qu'elle commence à faire l'objet de vives critiques. La réception du système aristotélicien s'est effectuée dans un contexte socio-épistémique différent de celui qui lui a donné naissance. Et comme nous l'avons décrit plus haut, ce contexte est dominé par une nouvelle conception de science. Ce qui est nouveau et sans précédent, c'est que cette critique vient aussi du milieu proprement scientifique, qu'ils soient mathématiciens, astronomes ou physiciens. Pourquoi ces savants s'en prennent-ils au philosophe de l'antiquité ? Que lui reprochent-t-ils ? Et par quels moyens ont-ils procédé pour le critiquer ? Pour le savoir, suivons un article de Rashed qui a examiné une contribution importante d'al-Qūhī (940-1000), un mathématicien du Xe siècle, qui a tenté de réfuter les opinions du Stagirite, une tentative dans laquelle ce « géomètre de la classe la plus éminente » a, d'après Rashed, fait preuve d'un « audace épistémique » (Rashed 2011, p. 636). Il s'agit en fait non pas d'une mais de deux tentatives de réfutation que notre historien a analysées dans l'ordre suivant : la première est un écrit comportant un court texte portant sur la question du mouvement infini dans un temps fini ; la seconde sur le problème de deux mouvements contraires. Ce qui montre la force avec laquelle le mathématicien rejette le dogme aristotélicien qui a sous-estimé la capacité des mathématiques de traiter des problèmes de physique comme le mouvement ; ce qui indique aussi à quel point le changement au sein d'une vieille tradition qui tend à puiser dans ses propres ressources pour se perpétuer n'est ni facile et ni rapide. Pour des raisons de simplicité, nous ne présenterons que la seconde réfutation bien qu'elle ne se fonde que sur un témoignage d'Ibn Buṭlān, un médecin très connu de Bagdad. S'il n'est pas totalement invraisemblable, comme le suggère Rashed, que la première réfutation soit discutée à la cour comme on le fait souvent, nous sommes certains que la discussion de la seconde réfutation a pris un caractère public puisque le médecin de Bagdad rapporte qu'al-Qūhī a envoyé son traité au calife afin de montrer la faiblesse de l'argumentation d'Aristote.[22] L'objet de la controverse est donc le mouvement. La thèse aristotélicienne à réfuter se trouve dans le huitième livre de sa *Physique* : entre deux mouvements contraires – rectilignes ou suivant un arc de cercle – il y a nécessairement un arrêt. Les aristotéliciens ont longuement commenté ce passage pour nous convaincre de la vérité évidente de cette thèse, comme l'illustre cette conclusion de l'aristotélicien Abū al-Faraj Ibn al-Ṭayyib : « si le mouvement vers le haut et vers le bas sont contraires, il est nécessaire que le mobile s'arrête un certain temps, petit ou grand, pour ensuite rebrousser le chemin » (ibid., pp. 642-643). Au lieu d'examiner le bien-fondé de la thèse du Stagirite, les aristotéliciens n'ont pas hésité à l'ériger en principe sans donner le moindre exemple pour le soutenir, et ils n'ont pas besoin de le faire parce qu'ils se fondent sur l'autorité de la *Physique* du maître. Et c'est à l'opposant la lourde charge de démontrer sa fausseté. En relevant le défi, le mathématicien audacieux a fait preuve d'originalité. La parole est à Rashed :

> « Pour infirmer l'argument d'Aristote, al-Qūhī procède à l'aide d'un montage expérimental (voir Fig. ci-dessous). C'est la description de ce montage que nous donne ce témoignage. La perte du texte, et la brièveté du témoignage d'Ibn Buṭlan, nous mettent dans une situation inconfortable : avoir la description d'une expérience sans sa justification théorique. [...] Al-Qūhī prend une règle qu'il place horizontalement. Il la perce en son milieu, et par le trou il fait passer un fil à plomb d'une longueur égale à celle de la règle. On maintient l'extrémité du fil sur la règle, et on lui fait décrire toute la longueur d'un mouvement uniforme... le mouvement vertical du plomb, qui en résulte, est lui aussi rectiligne et uniforme, et de même vitesse. Le fil est descendant dans la première moitié du mouvement, jusqu'à ce qu'il soit entièrement vertical, son extrémité supérieure étant parvenue eu trou ; puis il devient ascendant dans la deuxième moitié du mouvement. » (Rashed 2011, pp. 644-645)

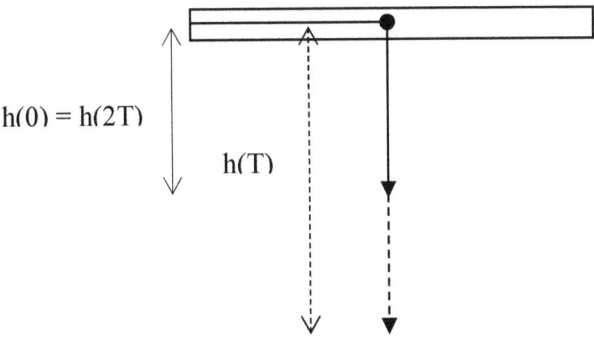

---

[22] Notons au passage que, bien qu'ils soient privés, la signification des lieux comme la cour du calife ainsi que les résidences personnelles, où se tiennent *al-munādharat* ou les débats, consiste à offrir un forum public aux intellectuels distingués appartenant aux différentes branches du savoir pour se réunir et débattre des questions scientifiques, juridiques, culturelles et philosophiques.

En tant que mathématicien, al-Qūhī utilise ici un raisonnement constructif au lieu du raisonnement discursif qui caractérise le discours du philosophe naturaliste. Et il est remarquable que le mathématicien a cherché à construire un contre-modèle pour montrer la fausseté de l'opinion du philosophe. Et pourquoi al-Qūhī s'est-il montré aussi confiant ? Voici la réponse de notre historien : « chez les mathématiciens [existe] cette tradition qui consiste à traiter géométriquement le mouvement » (ibid., p. 636). Autrement dit le concept de mouvement, y compris le mouvement rectiligne, appartient par essence à la mathématique et non pas à la philosophie naturelle, ce qui remet en cause la classification des sciences du Stagirite qui a concédé aux mathématiciens l'étude du seul mouvement circulaire que décrit le mouvement des corps célestes. C'est là où réside l'enjeu de la controverse, al-Qūhī a bien choisi ses exemples pour montrer aux aristotéliciens l'inadéquation de l'approche de leur maître à la physique. Le mathématicien n'a pas tenté de réfuter le philosophe en composant un autre discours rationnel, une sorte de théorie philosophique descriptive. En utilisant un langage opératoire, son modèle physico-mathématique visait à soustraire le mouvement de la spéculation philosophique, ce qui ne devait pas plaire aux aristotéliciens qui voyaient ainsi leur autorité s'affaiblir en cédant un terrain important de leur chasse gardée, la physique, à la mathématique. Après avoir proposé la reconstruction du raisonnement qui devait accompagner la description du contre-modèle par Ibn Buṭlān, Rashed conclut :

> « On voit bien que le mouvement du plomb engendré par le mouvement continu et uniforme de la main comporte un saut de vitesse, sans pourtant marquer une position d'arrêt avec une vitesse instantanée nulle ; cependant, le mouvement est bien composé de deux mouvements contraires, et la thèse d'Aristote se trouve donc en défaut. » (Ibid., p. 646)

Le mathématicien atteint son but en triomphant du philosophe. Surtout quand on sait que ce succès fait suite à l'échec de la première tentative où al-Qūhī construit un contre-modèle, plus complexe que le second, qui fait intervenir le mouvement de la lumière et donc sa vitesse. Par ses deux réfutations, c'est l'enjeu épistémique suivant qui est visé par le mathématicien : les thèses de l'auteur de la *Physique* sont loin d'être intuitives comme il le prétend et encore moins évidentes, et ses affirmations doivent concrètement être mises à l'épreuve en utilisant des moyens physico-mathématiques. Les aristotéliciens se trouvent ainsi dans une situation délicate en raison de la nouveauté et la radicalité de l'argumentation d'ordre physico-mathématique qui n'était pas prévue par le Stagirite : ou bien ignorer l'argument des mathématiciens et continuer à commenter sa physique selon la tradition aristotélicienne, une ignorance qui peut leur coûter cher puisqu'elle risque d'être interprétée par leurs opposants comme une faiblesse de la tradition aristotélicienne et par conséquent de leur autorité ; ou bien relever le défi des mathématiciens en utilisant les mêmes dispositifs pour réfuter leurs arguments, ce qui les oblige à faire des mathématiques ; ou bien alors transformer Aristote. Dans les trois cas, on s'éloigne d'Aristote, de ses arguments originaux et de sa manière d'argumenter à caractère discursif. Même si historiquement parlant on peut supposer que l'issue de ces deux réfutations ne fût pas aussi nette qu'on vient de l'exposer, il ne fait aucun doute qu'elles ont créé une nouvelle situation épistémique qui n'a pas échappé à un littérateur comme al-Tawḥīdī quand il précise qu'al-Qūhī appartient en fait à « ce groupe de savants qui voyaient d'un œil plutôt réservé les recherches métaphysiques » (ibid., p. 637). Al-Qūhī n'est donc ni le premier ni le dernier savant qui a essayé de changer l'opinion des aristotéliciens. On sait par exemple que l'un de ses prédécesseurs le mathématicien et astronome Thābit ibn Qurra (826-901), admet, contre Aristote, l'infini actuel et rejette sa thèse, réfutée ensuite par al-Qūhī, relative à l'existence du repos entre deux mouvements contraires. Et l'un de ses successeurs, le célèbre physicien et mathématicien Ibn al-Haytham (m. 1040) peut être tout aussi bien considéré comme appartenant à ce groupe de savants indépendants qui doutent de l'efficacité du rôle de la philosophie aristotélicienne dans le développement des sciences.

3.2. Acte I. Réfutation des ptoléméens : Ibn Qutayba et la science des arabes

Après les mathématiques, l'astronomie à son tour n'a pas fait un seul pas en avant depuis Ptolémée. Or les premières contestations de son système ne viennent pas des philosophes, qu'ils soient platoniciens ou aristotéliciens, mais plutôt de certains astronomes et intellectuels qui lui reprochent en particulier son caractère trop abstrait, ce qui a donné lieu à un mouvement de retour à l'astronomie préislamique qui est fondée sur l'observation du lever et du coucher des étoiles. Les raisons du retour en force de cette tradition, connue sous le nom d'*al-Anwa'*, sont explicitées par le grand littérateur Ibn Qutayba (828–885) :

> « Mon but dans tout ce que je rapporte ici est de me limiter à ce que connaissent les arabes sur ces choses et ce qu'ils utilisent, en excluant ce qu'affirment les non arabes qui sont affiliés à la philosophie (المنسوبون إلى الفلسفة) et les mathématiciens [astronomes] (أصحاب الحساب). La raison en est que je considère la connaissance des arabes (علم العرب) comme étant : intelligible (الظاهر للعيان) ; vraie quand elle est mise à l'épreuve (الصادق عند الإمتحان) ; et utile au voyageur sur terre et sur mer (النافع لنازل البر و راكب البحر). Dieu dit que : « c'est lui qui a désigné pour vous les étoiles au moyen desquels vous serez guidé dans les ombres de la terre et la mer » (هو الذي جعل لكم النجوم لتهتدوا بها في ظلمات البر و البحر). [Qur'ān, *surāt* 6 verset 97] » (Ibn Qutayba 1956, pp. 1-2)

Ce passage contient une critique pertinente du système de Ptolémée et de la conception scientifique grecque en général. Ibn Qutayba exige d'une théorie astronomique plus que la simple prévision des mouvements des planètes ou des éclipses car c'est quelque chose que les Babyloniens savaient bien faire sans avoir besoin de toute la machinerie de l'*Almageste*.[23] En comparant les deux approches à l'astronomie, cet intellectuel perspicace a réussi à découvrir la différence de conception de la science dans les deux traditions : l'utilité. Pour les arabes, la science doit être liée à l'action et à l'utilité en cherchant à rendre service à la société, et nous avons vu que c'était là la motivation avancée justement par al-Khwārizmī pour le développement de son algèbre. Nous n'avons pas ici une conception empirique et mondaine de la science, l'utilité est exigée pour des raisons épistémiques. En montrant qu'il sert à quelque chose, c'est l'utilité, au sens de rendre service, qui en définitive détermine la valeur du discours scientifique ce qui le distingue d'autres types de discours. Après cette critique épistémique, Ibn Qutayba attire l'attention des astronomes mathématiciens sur le manque de rigueur de l'usage étrange qu'ils font du terme arabe *falak*, un terme qui est choisi pour rendre le mot d'orbe, une sphère solide qui est supposée porter la planète et la mettre en mouvement : « et j'ai entendu dire, s'exclame-t-il, que *aflāk* [pl. de *falak*] sont des cercles [*aṭwāq* pl. de *ṭawq*] au sein desquels se meuvent les planètes, le soleil et la lune, et le ciel se trouvant par au-dessus. »[24] Remarquons que dans ce passage Ibn Qutayba met les planètes et le soleil en mouvement alors que pour les ptoléméens, les corps célestes n'ont d'autre mouvement que le mouvement de l'orbe en lequel ils se trouvent enchâssés. Et il avoue qu'il est incapable de comprendre comment *falak* désigne chez eux ce grand corps sphérique que personne n'a jamais vu ni entendu parler : « et je ne sais pas comment cela est possible, et je n'ai trouvé aucun témoignage [qui puisse le corroborer] ni dans le livre [le Qur'ān], ni dans le hadith [dire du prophète] ni dans la langue des arabes. » Que signifie alors *falak* ? Ibn Qutayba a eu justement l'occasion de rappeler la signification arabe de ce terme dans l'un de ses ouvrages très connu. Dans son *Adab al-kātib* ou *Education des secrétaires*, il explique que *falak* veut dire « l'orbite (*madār*) des étoiles auquel ils sont associés (و الفلك مدار النجوم الذي يضمها) » (Ibn Qutayba 1988, p. 69). On comprend alors pourquoi ce genre d'objections pertinentes ne peut que faire réfléchir les ptoléméens. Et dans ce même ouvrage, offert au calife, Ibn Qutayba explique que le développement de l'Etat exige que ses fonctionnaires soient formés selon cette conception arabe de la science. Ce qui fait plus pression sur les savants et philosophes qui non seulement doivent justifier les ressources énormes qui sont allouées à la recherche et la considération sociale à laquelle ils aspirent à titre de reconnaissance de leurs efforts, ils doivent aussi montrer que leurs travaux ne sont

---

[23] Ce sont en effet les Babyloniens qui ont appris au reste du monde non seulement ce principe fondamental sur lequel repose la science qu'est la régularité des phénomènes en raison de leurs longues et méticuleuses observations astronomiques sans lesquelles Ptolémée n'aurait jamais pu construire son système, mais surtout, comme l'ont révélé les travaux pionniers de Otto Neugebauer, que cette régularité peut être étudiée mathématiquement.

[24] "و قد سمعت من يذكر أن الأفلاك أطواق تجري فيها النجوم و الشمس و القمر، و السماء فوقها. و لست أدري كيف هذا، و لا وجدت عليه شاهدا من الكتاب و لا من الحديث و لا قول العرب." (Ibn Qutayba 1956, § 139, p. 124)

pas simplement une perte de temps et d'argent mais qu'ils répondent aux besoins concrets de la société en donnant des résultats tangibles. Le regain d'intérêt pour l'astronomie préislamique dès le IXe siècle et son développement ultérieur s'explique justement par le fait qu'elle est utilisée, entre autres, pour les besoins de l'agriculture, de la navigation, et du voyage, ce qui a donné lieu à toute une tradition d'*al-Anwa'* ; le système ptoléméen était incapable de leur rendre ce genre de services. Ce qui explique la divergence de ces deux traditions qui se sont développées pendant le IXe et Xe siècles en adoptant des techniques d'observation, un vocabulaire et une nomenclature qui leur sont propres. Et de cette tension pour ne pas dire ce conflit entre les deux traditions surgit le savant et astronome al-Ṣūfī (903-986), célèbre pour avoir écrit un magnifique ouvrage illustré, *Kitāb ṣuwar al-kawākib al-thamānia wal-arba'ine* (كتاب صور الكواكب الثانية و الأربعين), qui, selon l'auteur, « renfermera la description des quarante-huit constellations, traitera des étoiles de chaque figure, de leur nombre, de leur position par rapport à la figure elle-même et au zodiaque en leurs longitudes et leurs altitudes, enfin du nombre de toutes les étoiles qui ont été observées, soit dans les constellations, soit en dehors des constellations. »[25] (Al-Ṣūfī 1981, p. 40)

3.3. Acte II. Réfutation des ptoléméens : les corrections d'al-Ṣūfī

Les deux traditions, ptoléméenne et arabe, coexistent donc et il arrive même que l'une consulte les observations de l'autre mais al-Ṣūfī découvre au cours de son investigation que, contrairement à ce qu'ils prétendent, « ceux qui connaissent l'une des deux méthodes n'ont pas connu l'autre » ; conséquence : « ils ont, dans leur livre, écrit certaines choses, dont le sens est autre que celui du livre où ils les ont prises. Ils ont par là manifesté leurs fautes et leur faiblesse. » (Ibid., p. 32). A titre d'illustration, al-Ṣūfī examine les observations rapportées par les personnalités les plus renommées dans chaque tradition et relève les erreurs qu'elles ont commises. Ecoutons en particulier ce qu'il dit à propos d'un représentant éminent de la tradition ptoléméenne al-Battāni (858-929) :

> « De même al-Battāni, lorsqu'il veut croire qu'il connait les mansions de la lune et les étoiles suivant la méthode des arabes مذهب العرب, et en s'occupant des choses étrangères à son sujet, a mis à nu son ignorance. Il ainsi rapporté dans son livre le nombre d'étoiles que comprend chacune des douze constellations, comme les indique Ptolémée dans son livre *al-madjisti*, et il dit, entre autre en parlant du Bélier, que الشرطين *al-sharatain* se trouve dans la corne et البطين *al-buṭaïn* dans la queue ; c'est une erreur, car *al-buṭaïn* se compose de trois étoiles disposées en triangle. [...] il dit encore que toutes les étoiles rapportées par Ptolémée dans le livre d'*al-madjisti* sont au

---

[25] Je voudrais remercier ici le Professeur Ahmed Alami de m'avoir envoyé une copie arabe de l'ouvrage d'al-Ṣūfī. Nous avons aussi consulté avec profit la traduction française par l'astronome danois Hans Schjellerup qui a été publiée en 1874 sous le titre *Descriptions des Étoiles Fixes, composée au Milieu du Dixième Siècle de Notre Ère*. La pagination renvoie à la traduction française.

nombre de mille vingt-deux, sans compter الذوابة *al-dhawāba*, la Chevelure, الفرد *al-fard*, la Solitaire, et المرزم *al-mirzam*. Or *al-fard* est la brillante étoile située sur le cou du Serpent (L'Hydre الشجاع). Les Arabes lui ont donné ce nom, qui signifie isolée, parce qu'elle se trouve séparée des autres de même grandeur, et comme isolée منفرد au sud. Les arabes nomment المرزم *al-mirzam* toute étoile qui précède une brillante. Ainsi, l'étoile qui précède الشعرى اليمانية *al-schirā al-jamānija*, Sirius, et qui est à la patte de devant du Chien, celle qui précède الشعرى الغميصا *al-schirā al-gumaïsā*, Procyon, se nomment les deux mirzam des deux Schira مرزمى الشعريين. De même l'étoile qui est sur l'épaule gauche du Géant est appelée *al-mirzam*. Quant à الذوابة la Chevelure, c'est une des trois étoiles que Ptolémée désigne sous le nom الضفيرة *al-dhafīra*, la Boucle de cheveux, et qu'il a omise dans sa nomenclature des étoiles ; cela prouve donc qu'il n'a connu ni *al-fard*, ni *al-mirzam*. » (al-Ṣūfī 1874, pp. 37-38)

Après avoir relevé les erreurs de ses observations, il adresse cette critique sévère à al-Battāni :

« S'il eût suivi sa voie et se fût borné à ses propres doctrines مذهبه et se fût contenté de ce qu'il a exposé dans son livre sur les sphères célestes علم الأفلاك, sur les sept étoiles et leur mouvement, sur les éclipses du soleil et de la lune كسوفات النيرين et autres choses (nécessaires) concernant les étoiles, il n'eût pas encouru de tels errements (لم يلحقه هذه الشناعة) ; on lui décernerait, à cause de sa célébrité et de sa supériorité dans l'art (و حكم له اتساعه و تقدمه في الصناعة), suivant la méthode des astronomes (و على مذهب المنجمين), aussi des connaissances, suivant la méthode des Arabes (بمعرفته بمذهب العرب). » (Ibid., p. 38)

L'importance de l'ouvrage d'al-Ṣūfī réside donc dans la critique qu'il fait plus particulièrement de la vieille tradition ptoléméenne, il montre notamment sa faiblesse en signalant la tension existante entre les mathématiciens ou théoriciens et les physiciens ou praticiens, spécialistes des observations. La conséquence fâcheuse de cette tension est non seulement la tendance de la théorie à faire plier les observations mais, ce qui est plus grave, à se construire sur des observations fictives comme le souligne l'astronome pluraliste. Et il donne comme exemple concret le travail d'al-Battāni :

« J'ai regardé avec beaucoup d'attention beaucoup d'exemplaires d'*al-madjisti*, et j'ai trouvé qu'ils différaient par rapport à un grand nombre d'étoiles. J'ai cherché ensuite ces mêmes étoiles dans le livre d'al-Battāni, parmi celles qu'il prétend avoir observées, j'ai trouvé qu'il avait supprimé toutes les étoiles sur lesquelles il y a, dans les exemplaires, la moindre différence. Il a supprimé ainsi beaucoup d'étoiles de la troisième et de la quatrième grandeur, tandis qu'il en apporte beaucoup de la cinquième et de la sixième. Il dit ensuite qu'il a observé les étoiles du Sagittaire, et qu'il a trouvé l'étoile située sur le jarret de la jambe gauche de devant, dans 28° 30' du Sagittaire. Il apporte aussi dans son livre qu'il a trouvé, au temps de son observation, que l'addition à faire à chaque étoile rapportée dans l'*al-madjisti*, était de 11° 10'. Or, d'après ce qu'il a dit sur l'addition à faire à chaque étoile, cette étoile devait être dans 28° 50' du Sagittaire ; puisque son lieu rapporté dans l'*al-madjisti*, est dans 17° 40', d'où il suit qu'il en a retranché 20' pour faire croire qu'il a observé cette étoile. La preuve qu'il ne l'a ni observée ni connue, et qu'elle n'a pas été plus connue des autres astronomes, depuis que l'on a composé des tables, fait des sphères et dessiné dessus les étoiles, c'est qu'ils ont marqué dans leurs livres et sur leurs sphères cette étoile comme de la deuxième grandeur, tandis qu'elle est des moindres de la quatrième. Elle est située au-dessous de la Couronne australe, sa latitude dépassant la latitude la plus grande des étoiles de la Couronne de 1° 30' vers le sud. » (Ibid., p. 30)

Et c'est pour combler cette lacune des deux méthodes qu'il a entrepris de composer son ouvrage. Voici un savant qui connaît parfaitement les deux traditions ce qui lui a permis de faire leur synthèse, rendant par là de plus grands services aux deux approches à l'astronomie. Et grâce à sa persévérance, sa rigueur et son sens de la critique scientifique en mettant systématiquement les observations de ses prédécesseurs à l'épreuve de l'observation, il a composé un ouvrage illustré qui, d'après Schjellerup, « pendant neuf siècles écoulés, a été sans rival, n'ayant trouvé son pareil que dans l'Uranometoria nova de l'illustre Argelander » (ibid., p. 4).[26] Si al-Ṣūfī ne connaissait que la tradition ptoléméenne, il aurait suivi les travaux d'al-Battānī et n'aurait pas pu corriger ses erreurs ; soulignons combien de fois il répète sa critique forte des astronomes qui ne font que suivre Ptolémée. Ce qui est donc nouveau avec al-Ṣūfī, c'est qu'en tant qu'astronome indépendant et pluraliste puisqu'il maîtrise les deux techniques, il a pu porter la critique au cœur de la tradition ptoléméenne en montrant qu'elle n'est pas si satisfaisante qu'on aurait pu le croire en raison de l'insuffisance des observations sur lesquelles elle se fonde ; une critique dévastatrice que les ptoléméens ne peuvent ignorer. Son œuvre permet ainsi de comprendre l'évolution des controverses au sein de la tradition ptoléméenne qui ne va pas tarder à gagner les fondements même de la théorie astronomique. Et quand la critique au sein d'une tradition arrive à ce moment critique au cours de son évolution, elle ouvre la voie vers la nouveauté et la surprise, et ce n'est alors qu'une question de temps avant que la rupture ne soit consommée. Une tâche qui sera accomplie par la génération qui a succédé à al-Ṣūfī.

---

[26] Mentionnons en particulier qu'il est le premier à avoir décrit la célèbre nébuleuse d'Andromède que les arabes ont découvert qu'elle appartient à la constellation du grand Poisson (السمكة العظيمة). Il l'a décrit comme un petit nuage (لطخة سحابية) qui se trouve avant la bouche du grand Poisson (al-Ṣūfī 1874, pp. 118-119).

3.4. Acte III. Al-Ḥasan Ibn al-Haytham : fondateur de la tradition non-ptoléméenne

Le célèbre physicien et mathématicien al-Ḥasan Ibn al-Haytham (965-1040), qui est né à Bassora en Iraq, et donc pas loin d'Isfahan (Iran) où al-Ṣūfī vécut à la cour de l'émir ʿAḍud al-Dawla, avait 21 ans quand celui-ci est mort. Il est, à notre connaissance actuelle, le premier qui a discuté des problèmes des fondements de l'astronomie dans son ouvrage *al-Shukūk ʿalā Baṭlamyūs* (الشكوك على بطلميوس) ou *Doutes sur Ptolémée*. S'il était trop jeune pour pouvoir connaître en personne l'auteur du *Kitāb ṣuwar al-kawākib*, il ne devait pas par contre ignorer son ouvrage très critique de la tradition ptoléméenne comme nous venons de le voir. Et de ce point de vue, on peut considérer *al-Shukūk ʿalā Baṭlamyūs* comme un prolongement de cette critique de la tradition ptoléméenne. Mais la radicalité de sa critique, son caractère systématique et son impact sur le développement de l'astronomie a fait de ce moment de continuité une discontinuité. La discussion sur les fondements, qui a donc eu lieu au XIe siècle, a principalement pris la forme d'une remise en cause de ce que l'on appelle l'équant, l'hypothèse selon laquelle une sphère se meut autour d'un point autre que le centre.[27] Mais réduire *al-Shukūk* à cette simple critique de l'équant, c'est le mettre sur le même pied que *Kayfiyat tarkīb al-aflāk* qui était ignoré par leurs successeurs bien que son auteur, Abū ʿUbayd ʿAbd al-Jūzjānī (m. 1070), ait tenté d'aller au-delà de la critique en proposant un modèle alternatif au système de Ptolémée. Qu'est-ce donc *al-Shukūk* ? Et pourquoi a-t-il eu cet impact que *Kayfiyat tarkīb al-aflāk* n'avait pas ? L'autorité d'Ibn al-Haytham y est sans doute pour quelque chose, une autorité acquise par ses travaux antérieurs et notamment en optique mais aussi en astronomie. Rappelons qu'il est le fondateur de la théorie moderne de la vision. En qualifiant ce changement de révolution scientifique, l'historien français Gérard Simon a fait de facto d'Ibn al-Haytham l'auteur de la première révolution scientifique.[28] Et c'est en s'appuyant, du moins en partie, sur ces résultats

---

[27] Il est intéressant de noter que le problème de l'équant a aussi fait l'objet, d'une manière indépendante d'Ibn al-Haytham semble-t-il, d'une critique par Abū ʿUbayd ʿAbd al-Jūzjānī, un des disciples d'Ibn Sīnā, dans son ouvrage *Kayfiyat tarkīb al-aflāk*. A noter aussi que les deux ouvrages ne se réfèrent pas à des auteurs antérieurs. Nous ne connaissons donc pas pour l'instant l'événement qui a déclenché le problème sur les fondements de l'astronomie. L'intérêt d'al-Jūzjānī est qu'il rapporte que son maître Ibn Sīnā lui a dit qu'il est en possession de la solution du problème de l'équant et qu'il ne la révèle à personne. La signification de ce témoignage réside dans le fait qu'Ibn Sīnā semble avoir été au courant du problème de l'équant ; quel degré de confiance faudrait-il accorder à l'affirmation d'Ibn Sīnā ? Par quel moyen il a pu être au courant du problème ? Seules des recherches ultérieures nous le diront.

[28] « La révolution opérée par le très grand savant arabe Ibn al-Haytham, connu en occident sous le nom d'Alhazen, qui a substitué à une théorie de la vision faisant sortir de l'œil des rayons lumineux une théorie antagoniste faisant entrer dans l'œil des rayons lumineux ; ce qui l'a obligé à se demander sur de nouvelles bases comment la vision pouvait être un sens à distance, faisant percevoir le monde extérieur, alors que c'est dans le corps que se produit la sensation » (Simon 2003, p.7).

révolutionnaires qu'il a construit une réfutation efficace de l'*Almageste*, ce n'est pas par hasard qu'il a consacré la dernière partie de son *al-Shukūk* à l'optique. Ses travaux qu'il a publiés en astronomie avant *al-Shukūk* sont tout aussi importants que ceux de l'optique étant donné que c'est en tant qu'astronome d'abord qu'il réfute l'auteur de l'*Almageste*. Ils démontrent que le challenger est un astronome professionnel et il sait de quoi il parle, ce qui n'est pas le cas d'al-Jūzjānī qui semble ne pas être très imprégné de la tradition ptoléméenne. Celui-ci semble parler davantage, en tant qu'amateur, de l'extérieur du métier que de l'intérieur, c'est pourquoi son *Kayfiyat tarkīb al-aflāk* ne peut être pris au sérieux ; il semble même qu'il n'est pas connu de la plupart des astronomes de l'époque puisqu'il n'est cité que par al-Shīrāzī au début du XIVe siècle.[29] Nous verrons aussi pourquoi ce dernier point fait toute la différence. Les deux hommes sont donc incomparables. Ce qui nous amène justement à la structure d'*al-Shukūk*.

Nous avons eu l'occasion d'analyser dans nos études précédentes quelques doutes sur l'*Almageste* et son impact décisif sur le développement de l'astronomie.[30] L'objectif ici est de compléter ces études en essayant de situer l'œuvre dans son contexte afin d'expliciter davantage sa signification, son enjeu, sa structure et son style de composition. La discussion de ces questions nous permettra d'attirer plus l'attention sur la dimension épistémique mais aussi humaine de l'œuvre et de son auteur, des enjeux importants qui nous semblent ne pas avoir été suffisamment bien appréciés par les historiens. On trouvera la plupart des réponses dans l'introduction qui a l'air d'un discours dans lequel le savant a montré qu'il maîtrise l'art de l'éloquence en exposant avec concision, le critère par excellence de l'élégance en langue arabe, ses principales motivations. Le plan d'*al-Shukūk* montre qu'Ibn al-Haytham entreprend une critique systématique et globale des œuvres scientifiques de Ptolémée: 23 doutes en 70 pages environ : L'introduction en 2 pages ; 8 doutes sur l'*Almageste* en 37 pages ; 11 doutes sur *Les tables faciles* en 22 pages et enfin 4 doutes sur l'*Optique* en 6 pages.

L'introduction d'*al-Shukūk* : la rupture avec Ptolémée

Ibn al-Haytham commence par exprimer son refus de toute forme d'autorité en rappelant que c'est la vérité qui doit motiver la recherche des savants. Elle n'est pas notamment dans les livres, elle est à construire. Mais comment un ouvrage ancien peut-il être une autorité ? Et pourquoi contester un savant qui est mort il y a 900 ans ?

---

[29] Notre analyse est confirmée par G. Saliba qui a édité et traduit en anglais un court texte arabe d'al-Jūzjānī qui semble être un concis de *Kayfiyat tarkīb al-aflāk*. Suite à son analyse, Saliba conclut : « Thus, far from solving the equant problem, Abū ʿUbayd, has failed to understand what it was. » (Saliba 1994, p. 88).

[30] Voir par exemple notre article "The Birth of Scientific Controversies: The Dynamic of the Arabic Tradition and its Impact on the Development of Science: Ibn al-Haytham's Challenge of Ptolemy's *Almagest*" in S. Rahman, T. Street and H. Tahiri (eds.), *The Unity of Science in the Arabic Tradition: Science, Logic, Epistemology and their Interactions*, 2008, Springer.

« Il est naturel que l'on ait une bonne opinion des savants. Mais si celui qui étudie les livres des savants laisse libre cours à sa disposition naturelle et se contente de comprendre ce qu'ils disent et les fins qu'ils se proposent, il finira par considérer comme établis les concepts qu'ils ont en vue et les fins qu'ils se proposent. » (Ibn al-Haytham 1971, p. 3)

Ptolémée n'a pas besoin d'être vivant pour être une autorité, sa force est d'avoir créé une tradition depuis qu'il a composé son fameux *Almageste*. Tous ceux qui veulent apprendre l'astronomie des mathématiciens, selon l'expression d'Ibn Qutayba, doivent apprendre et comprendre son langage, ses concepts et sa méthode qu'ils ont fini par considérer comme des faits établis une fois pour toutes. De même que depuis la date de la composition des *Eléments* être mathématicien c'est être euclidien, de même depuis la date de composition de *l'Almageste*, être astronome c'est être ptoléméen. Ptolémée est à l'astronomie ce qu'Euclide est aux mathématiques ; tous les astronomes qui lui sont succédé sont donc ptoléméens, il est leur maître incontestable pour ne pas dire leur père. Mais contrairement à al-Khwārizmī qui a pris dès le départ une certaine distance à l'égard des *Eléments*, Ibn al-Haytham devait apprendre par cœur l'*Almageste* durant son enfance pour devenir ptoléméen, je veux dire astronome. Et son génie c'est qu'il est le premier qui a pu s'échapper de l'emprise de cette tradition dans laquelle il semble avoir vécu longtemps. Dans son *al-Shukūk* il ne considérait plus Ptolémée comme une autorité, il s'est rebellé contre le maître incontestable de l'astronomie ; et c'est quelque chose qu'il veut faire partager avec ses collègues qui eux sont encore hypnotisés par le paradigme ptoléméen. Mais comment peut-il les convaincre sans entrer dans une querelle personnelle avec tel ou tel astronome ? Sans susciter l'animosité et l'hostilité de l'un de ses anciens collègues qui chercherait à se positionner comme rival en faisant tout ce qu'il pourrait afin de compliquer sa tâche et compromettre son entreprise ? Sans provoquer un tollé de la part de ses collègues dont il ignorait quelles seraient les conséquences ? Ibn al-Haytham était confronté à une situation similaire à celle dans laquelle s'est trouvé le mathématicien allemand Carl Friedrich Gauss au XIXe siècle quand il a découvert la géométrie non-euclidienne. En dépit de toute son autorité, ce prince des mathématiciens n'a pas osé divulguer sa découverte : « j'ai peur des criaillements des ignorants » a-t-il avoué à l'un de ses amis ; et il a peur au point de laisser la priorité de la révélation à d'autres. Ce mathématicien audacieux a immédiatement tiré une conclusion différente de celle que le philosophe de Königsberg vient juste d'affirmer dans sa *Critique de la raison pure* : « il me semble que nous ne connaissons que si peu, pour ne pas dire rien du tout, de la vraie nature de l'espace » ; le reste de la communauté mathématique, hypnotisée par la tradition euclidienne, plus forte que jamais après avoir passé avec succès le test de la *Critique* kantienne, a complètement rejeté les géométries non euclidiennes. Mais la situation de l'auteur d'*al-Shukūk* est bien pire dans la mesure où il n'a même pas de modèle alternatif à proposer aux ptoléméens, il n'a que des promesses à leur faire.

Comment peut-il alors les rassurer sur l'avenir de leur profession en abandonnant un système qui n'est pas réfuté par l'expérience ? C'est dire combien il a besoin de tout son talent de savant et d'éloquence pour les convaincre de la réalité de ses promesses. Si Ibn al-Haytham a donc décidé de contester Ptolémée c'est parce qu'il s'est rendu compte qu'il est devenu une autorité qui nuit au développement de l'astronomie, son sort est encore une fois entre les mains de l'auteur de la théorie moderne de la vision, et le sort de son volumineux *Almageste*, qui est bien ancré dans la mémoire de tous les astronomes, sera décidé par le discours que Ibn al-Haytham adressera à la communauté astronomique. Et il a besoin de tout son art d'argumenter pour réussir. Après avoir rappelé à ses collègues que l'autorité n'est pas la vérité et que celle-ci est au-dessus de celle-là, il ajoute :

> « La personne qui cherche la vérité est celle qui, en pensant à eux [savants] est remplie de doutes, qui ne se précipite pas dans son jugement au sujet de ce qu'elle a compris de ce qu'ils disent, qui *suit la preuve par argument (الحجّة) et démonstration (البرهان), plutôt que les affirmations d'un homme* dont la disposition naturelle est caractérisée par toute sorte de défauts et imperfections... si elle prend ce chemin, les faits réels (الحقائق) lui seront révélés, et les lacunes ainsi que les ambiguïtés éventuelles du discours de ses prédécesseurs se présenteront lisiblement. » (Ibid., pp. 3-4 ; c'est nous qui soulignons.)

Ce passage contient une position épistémique novatrice, le physicien-mathématicien reconnaît un mode de preuve autre que les deux modes de raisonnement classiques par déduction ou par induction ; ou plus exactement ceux-ci font partie d'un mode de preuve plus général qu'est la science de l'argumentation (علم الحجاج) largement utilisé à son époque. La phrase soulignée ci-dessus, dans laquelle Ibn al-Haytham invite ses collègues à faire preuve d'indépendance d'esprit, comme lui et ses prédécesseurs, en suivant l'autorité de l'argument et non pas l'argument de l'autorité, est à cet égard l'une des plus importantes de son introduction. En tant qu'entreprise humaine, les savants non seulement ont besoin de justifier leurs résultats en cas de contestation, ils doivent aussi réfléchir sur leur propre discipline et faire preuve d'une grande capacité de conviction pour faire avancer la recherche. Et il va donner l'exemple pour montrer que la logique de l'argumentation est la meilleure procédure dont disposent les savants pour gérer leurs divergences. Dans le reste de son ouvrage, Ibn al-Haytham nous expose en détail ses doutes un par un. C'est lui, en tant qu'opposant, qui présente la controverse en choisissant les passages les plus significatifs où il estime que le proposant, l'auteur de l'*Almageste*, n'est ni convaincant ni crédible : chacun de ses arguments, cité verbatim en prenant soin de préciser sa référence, est suivi par une réponse de son opposant. Il est conscient que la force de sa conviction dépend de la performance de sa réfutation et de la qualité de son argumentation. Sa tactique est d'examiner comment l'astronome de Pelouse justifie son approche à l'astronomie en construisant sa structure argumentative dispersée dans les différents chapitres de l'*Almageste* ainsi que dans ses autres œuvres scientifiques, et la soumet ensuite aux normes de la rationalité de la discipline.

L'auteur d'*al-Shukūk* a exploité avec habileté l'ambiguïté des arguments de son opposant qui a fait appel à plusieurs arguments, différents les uns des autres, pour justifier ses choix méthodologiques. Considérons par exemple sa violation du mouvement circulaire et uniforme, voici une décision courageuse que Ptolémée aurait dû défendre au lieu de se justifier comme si il avait commis un crime et demandait qu'on fasse preuve d'indulgence en le lui pardonnant. Dans un premier passage, il dit que son but est de sauver les apparences ; dans un autre il avance l'argument de la spécificité du mouvement de chaque planète ; dans un troisième il fait appel à la croyance traditionnelle grecque qui distingue radicalement les phénomènes célestes des phénomènes terrestres, un argument extrascientifique de lourde conséquence puisqu'il a dérouté bon nombres d'historiens ; et dans un dernier passage il semble s'excuser en avouant « nous sommes obligés par le sujet même, d'user de quelqu'un de ces moyens peu prouvés » (livre IX ch.2), et il donne comme prétexte les difficultés rencontrées par son prédécesseur Hipparque de rendre compte des phénomènes par le seul mouvement circulaire « Cela lui a paru, à mon avis, difficile à lui-même à exécuter. Je le dis non par ostentation. » Comme si l'échec de Hipparque prouve qu'il est impossible de construire un système fondé uniquement sur le mouvement circulaire et uniforme. Et il revient à Ibn al-Haytham de mettre de l'ordre et de la clarté dans le discours fragmenté et fébrile de l'auteur de l'*Almageste* en retenant, entre autres, deux critères principaux pour évaluer ses arguments : consistance et systématicité. Au nom de celle-ci Ibn al-Haytham rejette l'idée de la fragmentation de la théorie sous-jacente à la thèse de l'indépendance du mouvement des planètes. En tant que théorie systématique, l'*Almageste* est intrinsèquement inconsistant en raison de l'utilisation de deux principes contradictoires pour la description des mouvements des planètes : le mouvement circulaire et uniforme et l'équant. L'autre inconsistance est d'ordre physique, le mouvement d'une sphère qui tourne autour d'un point autre que le centre est inintelligible de point de vue physique. Et c'est là où réside la principale divergence entre les deux savants, l'auteur d'*al-Shukūk* n'accepte pas la décision de l'auteur de *La Composition mathématique* de subordonner la physique à la mathématique au nom de sauver les apparences. En tant que théorie physique, l'astronomie doit être fondée sur les principes de la physique. Fidèle à son principe, aucune autorité, qu'elle soit scientifique ou philosophique, n'est mentionnée dans ses réponses. Et à l'issue de cette mise à l'épreuve argumentative du discours ptoléméen, il conclut :

> « Mais quand nous nous y [ses écrits] opposons et nous les apprécions, et nous menons l'enquête pour lui rendre justice et prendre une décision équitable entre lui et la vérité, nous trouvons qu'ils contiennent des passages obscurs, des termes impropres et des notions contradictoires ; ils sont

toutefois peu nombreux, si on les compare aux notions correctes qu'il a trouvées. A notre avis, ignorer tout cela ce n'est pas servir la vérité, mais c'est en être l'ennemi et agir injustement. » (Ibid., p. 4)

Al-Shukūk est une manière élégante d'annoncer à ses anciens collègues ptoléméens pourquoi son auteur ne sera plus ptoléméen comme avant, pourquoi il refuse de suivre aveuglement une tradition qui a souffert d'une longue période de stagnation, pourquoi il ne peut plus travailler dans le cadre du paradigme ptoléméen et pourquoi il est temps d'abandonner son *Almageste* tout en les rassurant qu'il ne s'agit pas d'abandonner complètement le système ptoléméen :

« Le chemin que Ptolémée a suivi est un début légitime ; mais comme il l'a conduit, de son propre aveu, à s'écarter du raisonnement… il devrait d'abord déclarer que la configuration correcte n'est pas ce qu'il a supposé. » (Ibid., p. 39)

Il ne s'agit pas d'abandonner complètement l'*Almageste* mais il faudrait établir dès maintenant un programme de recherche afin de construire sur ses ruines un nouveau système dont il est sûr qu'il sera non-ptoléméen car il sera fondé sur les principes corrects de la physique, il les assure qu'une telle configuration cohérente et systématique existe en raison de la régularité des phénomènes célestes. Et il ne faudrait pas attendre que le système de Ptolémée soit réfuté par l'expérience pour chercher à en construire un autre, et les arguments disponibles prouvent, contrairement à ce que les ptoléméens croyaient, qu'il est loin d'être satisfaisant et encore moins le meilleur système possible. Et après avoir annoncé sa rupture, il lance cet appel qui clôt son discours introductif :

« A notre avis, ignorer tout cela ce n'est pas servir la vérité, mais c'est en être l'ennemi et agir injustement en ne les révélant pas à ceux qui vont examiner ses écrits après nous. Nous trouvons que la priorité des priorités est de mentionner leur lieu, et de les expliciter pour ceux qui veulent faire l'effort de combler ces lacunes et de corriger ces notions par tout moyen susceptible de mener à la vérité. » (Ibid., p. 4)

En focalisant sur les arguments, l'auteur d'*al-Shukūk* a voulu substituer l'autorité des arguments aux arguments de l'autorité. Le savant a trouvé dans la logique de l'argumentation cette procédure élégante et civilisée par laquelle il peut discuter les problèmes scientifiques majeurs de sa discipline et faire passer son message sans heurter la sensibilité de ses collègues en leur laissant la liberté de décider selon leur propre conscience. Quant à lui, sa décision est déjà faite et il a assumé ses responsabilités en la leur communiquant, il ne revient plus en arrière. L'astronome ne se contente pas de réfuter, il s'est mis immédiatement au travail en composant son ouvrage *La Configuration des mouvements de chacun des sept astres errants* dans lequel il a essayé d'élaborer sa nouvelle astronomie.

La réaction de ses collègues ne s'est pas fait attendre et elle a dépassé toutes ses attentes. *Al-Shukūk* était largement connu et cité aussi bien à l'ouest qu'à l'est du monde arabe. Ses objections aux hypothèses de l'*Almageste* ont eu l'effet désiré puisque son appel à la recherche d'un modèle alternatif a été entendu par ses successeurs. Et il est remarquable qu'après des recherches théoriques intensifiées entreprises par les astronomes arabes orientaux connus sous le nom de l'école de Marāgha, une réponse positive a pu être fournie à l'aspect technique du précepte d'Ibn al-Haytham. Le point culminant de cette activité intense qui a duré plus de deux siècles a été atteint au XIVe siècle par Ibn al-Shāṭir qui a construit le premier système non-ptoléméen puisque ses modèles mathématiques sont fondés uniquement sur le principe du mouvement circulaire et uniforme. Copernic a fourni un second modèle équivalent à celui de l'astronome arabe deux siècles plus tard.

3.5. Acte II. Réfutation des aristotéliciens : le théorème d'al-Ṭūsī

Les résultats de l'école de Marāgha réfutent aussi une thèse que les historiens modernes ont postulée sans hésitation, selon laquelle c'est la physique d'Aristote qui prévalait durant la période arabe, comme nous le résume ici Duhem :

> « La Physique professée par la plupart des philosophes de l'Islam était la Physique péripatéticienne, la Physique que Sosigène et Xénarque avaient depuis longtemps opposée à l'Astronomie des excentriques et des épicycles, montrant que la réalité de celle-ci ne se pouvait concilier avec la vérité de celle-là. » (Duhem 1913, Tome II, p. 130)

Or quel est l'un des principes fondamentaux de cette physique aristotélicienne ? C'est Aristote lui-même, cité par Duhem, qui nous le précise :

> « Il existe deux sortes de mouvements simples, le mouvement rectiligne et le mouvement circulaire ; il existera donc deux sortes de corps simples, les uns, et ce sont ceux qui nous entourent, dont le mouvement naturel sera rectiligne, les autres dont le mouvement propre sera circulaire.».[31] (Duhem 1913, Tome I, p. 172)

Le philosophe de l'antiquité se trompe s'il croyait que son postulat métaphysique est irréfutable, et il serait surpris d'apprendre que sa réfutation catégorique vient des mathématiques. Cette distinction radicale qu'il introduit entre les corps célestes et les corps terrestres selon la nature du mouvement est battue en brèche par les travaux d'al-Ṭūsī (m. 1274). Pour résoudre le problème de l'équant, ce grand mathématicien et astronome non seulement a senti le besoin d'introduire en tant que postulat, n'en déplaise à l'auteur de la *Physique*, le mouvement rectiligne dans les cieux ; il a démontré le théorème, connu sous le nom du couple d'al-Ṭūsī, qui permet de l'obtenir à partir du seul mouvement circulaire et uniforme ! Le système d'Ibn al-Shāṭir, et par conséquent celui de Copernic qui a utilisé le théorème d'al-Ṭūsī pour construire le sien, n'aurait jamais vu le jour si les astronomes de

---

[31] Les autres ne sont rien d'autres que les corps célestes auxquels Aristote attribue une substance qui se meut éternellement d'un mouvement circulaire et uniforme.

Marāgha avaient travaillé sous l'influence du philosophe. Plus de trois siècles de travaux, que Duhem ne connaissait évidemment pas, démontrent qu'ils ont une conception de l'astronomie bien plus avancée que celle du Stagirite en exigeant que les lois physiques doivent être formulées de telle manière qu'elles puissent rendre compte du comportement des mêmes phénomènes, qu'elles soient célestes ou terrestres, en utilisant le langage mathématique. Et si le résultat d'al-Ṭūsī n'a pas fait beaucoup de bruit comme l'a fait la tentative de réfutation d'al-Qūhī, c'est tout simplement parce que la philosophie naturelle du Stagirite a perdu le peu d'influence qu'elle avait depuis la traduction de ses œuvres en arabe. C'est pourquoi al-Ṭūsī n'a pas senti le même besoin que son prédécesseur, al-Qūhī, de consacrer un chapitre à ce sujet pour attirer l'attention sur la fausseté du principe métaphysique d'Aristote.

Or comment expliquer justement ce déclin de la philosophie aristotélicienne ? Est-ce le fait du hasard ? Rappelons qu'Ibn Sīnā (m. 1037) est le plus grand aristotélicien avant al-Ṭūsī (m. 1274). Que s'est-il alors passé entre le XIe et le XIIIe siècle pour que la figure d'Aristote perde dramatiquement son importance ? C'est que ce déclin irréversible de l'autorité du premier maître est symptomatique d'une discontinuité profonde, ignorée par l'histoire, qui a affecté la tradition aristotélicienne ; une tradition qui s'est révélée beaucoup plus puissante que celles créées par Euclide et Ptolémée ce qui explique pourquoi elle s'est accomplie dans des conditions difficiles et très mouvementées. Cette rupture là que les historiens ont du mal à reconnaître à cause de la pluralité de ses enjeux scientifiques, philosophiques, juridiques, politiques et religieux, on la doit à Abū Ḥāmid al-Ghazzālī (1058-1111), le successeur immédiat d'Ibn Sīnā.

3.6. Acte III. *Tahāfut al-falāsifa* : démonstration de l'écroulement du système aristotélicien et de tout système philosophique en général[32]

Pour la première fois dans l'histoire, une grande figure philosophique a fait l'objet d'une contestation sans précédent. Et ce qui a rendu possible la réfutation de son autorité est l'émergence de cette une nouvelle façon d'argumenter, celle mise

---

[32] Dans la littérature moderne, le terme de *Tahāfut* est rendu par incohérence, la scholastique a choisi de le traduire par destruction. Renan nous dit pourquoi ni l'un ni l'autre n'est satisfaisant :

> « La nuance du mot Tehafot est difficile à saisir. Je crois bien que le sens que Gazzali avait en vue pour ce mot était « tomber les uns sur les autres. » L'idée exprimée par le titre de son ouvrage est donc que tous les systèmes croulent comme un château de cartes. » (Renan 1852, p. 65, note 4)

Renan illumine le sens du terme de *Tahāfut* en le rattachant à l'écroulement d'un système dont la cause est la présence d'une contradiction, et c'est intéressant de remarquer que c'est ce qui est justement arrivé au système du Stagirite qui s'est désintégré progressivement, partie par partie, et non pas d'un seul coup comme on le croit généralement. Après avoir étudié le système d'Aristote et celui d'Ibn Sīnā, l'auteur de *Tahāfut al-falāsifa* est parvenu à la conclusion profonde, comme l'a bien décrit Renan, que tout système philosophique finira par s'écrouler parce qu'il ne peut être cohérent et encore moins démontrer sa propre cohérence ; d'où le titre de la section.

en œuvre avant lui par Ibn al-Haytham pour réfuter l'autorité de Ptolémée. Son célèbre *Tahāfut al-falāsifa* (تهافت الفلاسفة) ou *L'incohérence des philosophes* est une extension de la logique de l'argumentation à la philosophie, ce qui lui a assuré son universalité et sa suprématie en tant que méthode générale et puissante d'investigation et de réfutation. En élargissant la logique de l'argumentation à la philosophie, il a réussi à soumettre pour la première fois le système des philosophes, leur méthode, leur style, leur langage, à la rigueur de l'argumentation dialogique à laquelle ils n'étaient pas habitués. Le principe sous-jacent à cette rationalité dynamique est le suivant : le challenger, qui prend l'initiative de réfuter la thèse de son adversaire, doit se comporter comme si le débat avait lieu publiquement en s'imaginant en particulier que le proposant est présent physiquement. De ce point de vue, on peut considérer que la logique de l'argumentation est conçue comme une formalisation du débat oral intuitif, un phénomène courant dans la tradition arabe. Elle se compose de trois éléments essentiels : l'argument du proposant suivi du contre-argument du challenger ; le troisième, qui est implicite, est l'audience en tant que cause et fin de la réfutation. Comme la réfutation est censée être publique, le challenger doit respecter deux conditions : 1) il doit fournir la preuve matérielle que l'argument à réfuter appartient à son auteur, et la seule manière pour lui d'exhiber cette preuve est de citer textuellement l'argument à réfuter et non pas de reformuler ses propos ou de se fonder sur des témoignages ; 2) il doit adopter une approche systématique et structurale dans sa réfutation : il doit réfuter tous les arguments relatifs à la thèse que le proposant a ou aurait produit pour se défendre. Ces deux conditions visent à garantir l'objectivité de l'argumentation et par conséquent sa fécondité en s'assurant que l'opposant traite équitablement le proposant en exposant fidèlement ses arguments. C'est ce qu'a fait justement al-Ghazzālī dans *Maqāṣid al-falāsifa* (مقاصد الفلاسفة) ou *Les intentions des philosophes*, un ouvrage qu'il a composé antérieurement à son *Tahāfut*, et dans lequel il a démontré qu'il a parfaitement saisi la pensée des aristotéliciens en exposant leur doctrine avec clarté et concision, peut-être même mieux qu'ils ne l'ont fait en raison de son éloquence ; et c'est parce qu'il les a compris mieux qu'ils ne se comprennent eux-mêmes qu'il a réussi à les réfuter avec efficacité. 3) En acceptant de se soumettre à la rationalité de l'argumentation dialogique, le challenger accepte d'office le verdict de l'audience ou, comme on dirait aujourd'hui, de la critique ; le jugement de l'audience est une appréciation objective de la performance de la réfutation du challenger. En adoptant systématiquement cette méthode dans tout son ouvrage, al-Ghazzālī vise à mettre en évidence l'inconsistance, masquée par le style monologique du discours des philosophes aristotéliciens, similaire à celle invoquée par Ibn al-Haytham contre Ptolémée ; comme l'auteur d'*al-Shukūk*, il se place sur le terrain épistémique en essayant de montrer aux philosophes (et au grand public en général) qu'ils en disent plus qu'ils n'en savent. Dans son introduction il nous dit pourquoi il s'en prend plus spécifiquement au premier maître :

> « Que l'on sache que plonger dans l'histoire des différences entre les philosophes est presque sans fin. Leur discours est long, leurs disputes sont nombreuses, leurs opinions sont éloignées les unes des autres et leur méthode diverge et converge. Contentons-nous alors de montrer les contradictions dans les opinions de leur leader qui est le philosophe par excellence et le premier maître. Puisque c'est lui qui, d'après ce qu'ils prétendent, a organisé et raffiné leurs sciences, a enlevé ce qui est superflu dans leurs opinions et a choisi ce qui est le plus proche des principes de leurs croyances capricieuses, qu'est Aristote. » (Al-Ghazzālī 1997, p. 4)

Le Stagirite, qui est érigé en autorité incontestable par les aristotéliciens, n'a jamais été aussi durement critiqué, mais comment al-Ghazzālī va-t-il procéder pour le réfuter ?

> « Le discours des traducteurs des textes d'Aristote n'est pas exempt de corruption ni de changement, ce qui exige exégèse et interprétation, à tel point que cela a suscité un conflit entre eux. Les transmetteurs et les vérificateurs les plus fiables des philosophes de l'islam sont al-Fārābī Abū-Naṣr et Ibn Sīnā. Contentons-nous donc de réfuter ce qu'ils ont sélectionné et considéré comme vrai de la doctrine de leurs leaders dans l'erreur. » (Ibid. pp. 4-5)

Puis il annonce que c'est sur le terrain de la logique qu'il va se mettre pour les réfuter, et cette nouvelle logique n'est certainement pas celle du Stagirite :

> « Oui, quand ils disent que les sciences logiques (sic.) (المنطقيات) doivent être maîtrisées, ceci est vrai. Mais la logique ne leur est pas réservée. C'est le principe que nous appelons dans la discipline du *Kalām*[33] « le livre de la réflexion ». Ils ont changé son expression en logique pour le magnifier. Nous pouvons l'appeler « Le livre de l'argumentation » ou le nommer « Les cognitions des intellects ».[34] (Ibid. 9)

---

[33] On considère souvent le *kalām* comme l'équivalent de la théologie. Une identification qui ne permet pas de saisir ce qui fait sa spécificité, car d'autres mouvements peuvent tout aussi bien être considérés comme faisant partie de la théologie tels que les juristes, les soufis, les prédicateurs, etc. Comme le souligne à juste titre Alnoor Dahani dans son *Physical Theory of Kalām*, « strictement parlant, dit-il, le *kalām* se distingue de la théologie au sens général du terme » (Dahani 1994, p. 2). Rappelons que ce sont des considérations juridico-politiques qui ont donné naissance au *kalām* au début du VIIIe siècle. Et avec le mouvement de traduction des œuvres philosophiques d'Aristote, il s'est développé ensuite pour couvrir tous les domaines abordés par le Stagirite : de la logique à l'anthropologie en passant par l'épistémologie, la physique ou encore la cosmologie (ibid.). Pour le dire en un mot, on peut voir la science du *kalām* comme cette discipline qui a pour objet de développer une théorie de la connaissance, du point de vue de la doctrine islamique, pour expliquer tous les phénomènes du monde qu'ils soient physiques ou psychiques ainsi que leurs interactions. On lui doit notamment deux contributions majeures : la science de l'argumentation (avec le droit) et la théorie atomiste (voir infra).

[34] Précisons que les aristotéliciens se vantent d'être appelés les gens de la démonstration (أصحاب البرهان) pour l'unique raison qu'ils utilisent le syllogisme aristotélicien. Ibn Rushd va même jusqu'à traiter

Notons au passage que c'est l'auteur d'*al-Tahāfut* qui, dans ses ouvrages juridiques et théologiques, a montré l'utilité de cette logique dynamique pour le droit et a encouragé son intégration dans les sciences juridiques. Et si il était un fanatique de la logique ainsi étendue, c'est parce qu'il l'a utilisée avec habileté en tant qu'instrument puissant d'étude et d'analyse afin de ruiner, à la manière d'*al-Shukūk*, les thèses physico-métaphysiques des aristotéliciens traitées en vingt questions ; l'une des plus importantes est celle portant sur la causalité.[35] Son *Tahāfut al-falāsifa* est à la philosophie aristotélicienne, ou à la philosophie tout court, ce qu'*al-Shukūk* est à l'astronomie ptoléméenne ; et son impact lui est similaire puisqu'il a eu un grand retentissement aussi bien en orient qu'en occident arabes. La signification historique de l'œuvre d'al-Ghazzālī est que sa réfutation historique signale le début de la fin de la tradition d'Aristote et de son système philosophique. Mais c'est une erreur de croire qu'un système aussi complexe que celui d'Aristote allait s'effondrer aussi facilement sans livrer sa dernière bataille dans sa lutte pour sa survie. Si, après al-Ghazzālī, l'aristotélisme a fortement décliné en orient ce qui a rendu possible le développement de l'astronomie et d'autres disciplines scientifiques, on a constaté un regain d'intérêt pour la philosophie du Stagirite en occident arabe. Une situation paradoxale qui s'explique par l'impact de la pensée juridique d'al-Ghazzālī sur les conditions politiques et sociales spécifiques à cette région. Et il faudrait aller à Cordoue pour trouver un aristotélicien qui a cherché à faire remonter de plusieurs siècles le cours de l'histoire. Alors que la science – comme l'algèbre et l'astronomie – continue d'avancer, la philosophie, quand elle passe par un de ces moments critiques, est tentée de revenir à ses sources comme il lui est arrivé de le faire au XXe siècle. Contrairement à l'astronomie où aucun astronome post-Ibn al-Haytham n'a été tenté de revenir à *l'Almageste* malgré les nombreuses difficultés rencontrées pour

---

avec mépris *al-mutakallimūn* en les rangeant, dans son *Faṣl al-Maqāl* (ou *Le Discours Décisif*), en seconde classe derrière lui et ses collègues aristotéliciens philosophes ; une dévalorisation qui est loin d'être partagée par le reste de la société. C'est comme si le syllogisme du Stagirite représentait la seule manière correcte de raisonner, une conception étroite de la logique que critique ici al-Ghazzālī étant donné que les aristotéliciens ont rejeté la science de l'argumentation que les juristes et *al-mutakallimūn* ont fondée et développée ; et il semble qu'ils ne l'ont acceptée qu'après que des savants éminents, comme le médecin Abū Bakr al-Rāzī et surtout le physicien et mathématicien Ibn al-Haytham, ont reconnu son rôle épistémique dans la pratique scientifique en l'adoptant pour réfuter les autorités de leur domaine respectif, Galien et Ptolémée. Les aristotéliciens semblent ainsi être sur la défensive et il est remarquable de constater qu'ils ont pu résister à ce mouvement de réfutation des anciennes traditions puisqu'ils n'ont pas suivi l'exemple d'al-Rāzī et d'Ibn al-Haytham pour rompre avec la dernière autorité des anciens, celle d'Aristote et de son système philosophique. C'est chose faite avec al-Ghazzālī qui a réalisé la rupture complète avec la tradition grecque en faisant quelque chose qu'un aristotélicien comme Ibn Sīnā aurait dû faire avant lui.

[35] Sur cette question, Ernest Renan admire la « perspicacité d'esprit vraiment étonnante » dont il a fait preuve l'auteur de *Tahāfut al-falāsifa*, et avoue : « C'est surtout par la critique du principe de cause qu'il ouvrit son attaque contre le rationalisme. Hume n'a rien dit de plus. » L'une des raisons qui expliquent pourquoi le célèbre auteur d'*Averroès et l'averroïsme* estime qu'al-« Gazzali est, sans contredit, l'esprit le plus original de l'école arabe. » (Renan 1852, pp. 96-97).

construire un système non ptoléméen, Abūl-Walīd ibn Rushd (1126-1198) qui a totalement pris la tendance de son époque à contrecourant, croyait que le monde a été et sera pour toujours aristotélicien et il a voulu le prouver en donnant une description aristotélicienne moderne de la nature 1600 ans après la mort du Stagirite ! Sa réponse à al-Ghazzālī est que Aristote n'est ni al-Fārābī ni Ibn Sīnā, et par conséquent son *Tahāfut al-falāsifa* n'est valable que pour les aristotéliciens arabes qui semblent ne pas avoir bien compris leur maître. Une accusation qui ne fait que donner raison à al-Ghazzālī dont la réfutation semble provoquer une sorte de déchirement au sein de l'aristotélisme arabe. Les moyens mis en œuvre par Abūl-Walīd pour rétablir la pensée véritable du maître : exégèse et interprétation des textes d'Aristote, comme l'a souligné al-Ghazzālī. Son Programme : commenter les œuvres du premier maître, toutes ses œuvres et rien que ses œuvres ; par ce moyen, le Commentateur a espéré contrer l'influence énorme d'al-Ghazzālī dans son fief dont il qualifia l'avènement de la pensée comme « le torrent qui a débordé sur les villages » (Urvoy 1998, p. 135). Mais comment Abūl-Walīd justifie-t-il lui-même cet intérêt exclusif pour la pensée du Stagirite :

> « Aristote, dit Ibn Rochd dans la préface de son commentaire à la Physique, « a fondé et achevé la Logique, la Physique et la Métaphysique. Je dis qu'il les a fondées, parce que tous les ouvrages qui ont été écrits avant lui sur ces sciences ne valent pas la peine qu'on en parle, et ont été éclipsés par ses propres écrits. Je dis qu'il les a achevées, parce qu'aucun de ceux qui l'ont suivi jusqu'à notre temps, c'est-à-dire pendant près de quinze cents ans, n'a pu rien ajouter à ses écrits, ni y trouver Une erreur de quelque importance ».
> (Cité par Duhem dans *Système du Monde*, Tome II, pp. 133-134)

Commentant ce passage, l'historien moderne n'a pas hésité à parler d'« admiration fanatique pour Aristote », une opinion que partage Dominique Urvoy, historien contemporain de la pensée arabo-musulmane, dans son ouvrage qui lui est consacré « Cette confiance, dans le premier maître, dit-il, ... a toujours frappé par son enthousiasme, que l'on a souvent assimilé à du fanatisme. » (Urvoy 1998, p. 158). L'erreur du juriste-Commentateur est d'avoir confondu révélation et philosophie de la nature, une tentative dangereuse de brouiller la distinction que fait nettement l'un de ses prédécesseurs comme Ibn al-Haytham entre ce que nous appelons aujourd'hui sciences de l'esprit et sciences de la nature lorsqu'il répond à un savant anonyme qui avait critiqué un de ses traités sur l'*Almageste* de Ptolémée :

> « De ce qui ressort des propos de Monseigneur le Shaykh, il est clair qu'il croit en la parole de Ptolémée dans tout ce qu'il dit, sans s'appuyer sur une démonstration et sans invoquer de preuve, mais par pure imitation ; c'est ainsi que les spécialistes de la tradition prophétique ont foi en les Prophètes, que Dieu les bénisse. Mais ce n'est pas ainsi que les mathématiciens ont foi en les spécialistes des sciences démonstratives. » (Cité par Rashed in chapitre 1 Cinématique céleste et géométrie sphérique, pp.3-4)

Le Commentateur semble aussi ignorer l'introduction de l'auteur *d'al-Shukūk* qui nous a avertis que la vérité n'est pas dans les livres et il nous a recommandé de les lire en tant qu'opposant et non pas partisan et promoteur des opinions de leurs auteurs. Or par ces deux remarques, Ibn al-Haytham ne dit pourtant pas à ses contemporains quelque chose de nouveau, et ce n'est pas à un intellectuel cultivé comme Abūl-Walīd qu'aurait échappé ce genre de réflexions. Comment expliquer alors son fanatisme envers Aristote ? A un moment de l'évolution de sa pensée, le juge de Cordoue semble se trouver dans l'embarras de choisir entre deux autorités qui lui paraissent s'exclure mutuellement : al-Ghazzālī ou Aristote. Urvoy précise que l'attitude d'Abūl-Walīd envers le premier était au départ mitigée, « tantôt érige al-Ghazzālī en autorité, tantôt le conteste » (Urvoy 1998, p. 48). Ces hésitations suggèrent que son style de pensée a du mal à apprécier l'œuvre d'al-Ghazzālī, un style que Duhem caractérise comme suit en le comparant à Maïmonide, l'un de ses successeurs qui ne l'a d'ailleurs pas suivi :

> « Ibn Rochd reçoit la parole d'Aristote comme l'expression de la vérité absolue et incontestable, tandis que le rabbin, si respectueux soit-il de l'enseignement du Stagirite, vénère une autre autorité, celle de Moïse. Entre eux, le contraste est saisissant. La souple intelligence du Juif, habile à retourner les opinions contraires, à en soupeser les avantages et les inconvénients, sait demeurer en suspens entre deux décisions aventureuses, tandis que l'Arabe simpliste, dédaigneux des subtiles distinctions et des attitudes indécises, se donne tout entier au parti qu'il a une fois embrassé. » (*Système du monde*, tome II, pp. 140-141)

Urvoy est parvenu à une conclusion similaire :

> « Plus que jamais, on retrouve en lui la tendance à durcir le système du premier maître pour en faire un catalogue exhaustif de solutions. Averroès n'envisage même pas l'idée que le Stagirite ait hésité, ait laissé un problème sans réponse, ou ait évolué. » (Urvoy 1998, p. 189)

Le fanatisme d'Ibn Rushd est en fait symptomatique de sa faillite de saisir la signification d'*al-Tahāfut*, lequel a accompli une rupture si profonde qu'il a fait de tout retour à Aristote, comme l'a fait le Commentateur, une entreprise vouée à l'échec.[36] Le véritable problème d'Abūl-Walīd est moins de suivre Aristote que de

---

[36] Dans ce passage, Renan reconnaît l'impact de l'auteur d'*al-Tahāfut* :

> « Gazzali exerça une influence décisive sur la philosophie arabe. Ses attaques produisirent l'effet ordinaire des contradictions, et introduisirent dans l'opinion des adversaires une précision jusque-là inconnue. » (Renan 1852, p. 98)

Induit en erreur par le retour éphémère de l'aristotélisme en occident arabe, il n'est pas allé jusqu'à reconnaître la rupture introduite par *al-Tahāfut*, dont il cite pourtant plusieurs passages en plusieurs endroits, puisqu'il fait d'al-Ghazzālī une exception à la continuité présupposée de l'histoire de la philosophie :

ne pas être conscient qu'il est traditionaliste en choisissant d'adhérer à une certaine tradition, ce qui explique qu'il n'a pas pu et qu'il n'aurait jamais dû s'en sortir. Sa mésinterprétation des œuvres d'al-Ghazzālī et son attitude systématiquement hostile ont de lourdes conséquences scientifiques, philosophiques, juridiques, politiques et religieuses qui ne tarderont pas à secouer aussi l'Europe chrétienne.[37] Le juriste-Commentateur n'a pas réalisé, à un certain moment de l'évolution de sa pensée, l'échec de son approche qui consiste à se servir de la philosophie aristotélicienne comme d'un instrument pour régler un problème qui est essentiellement juridico-politique, un thème qu'il aborde dans ses autres ouvrages comme le *Faṣl al-Maqāl* (ou *Le Discours Décisif*). Au lieu de bâtir sur les acquis de ses prédécesseurs immédiats, qui ont vécu dans un contexte similaire au sien, afin de trouver une solution adéquate aux problèmes scientifiques et juridico-politiques qui ont agité son temps et d'essayer de faire avancer la connaissance, il a fini par choisir de s'opposer totalement à son collègue juriste oriental en se confiant entièrement au philosophe de l'antiquité. Et pour justifier son allégeance et donc rejeter l'accusation de pure imitation, il identifie la vérité et Aristote ; ce qui lui permet de soutenir qu'il ne suit pas le philosophe grec du IVe siècle av. J-C qui a vécu à Athènes, il suit le Stagirite parce qu'il a trouvé qu'il a toujours raison : une attitude radicale et dangereuse puisqu'il a érigé Aristote en autorité infaillible et il a fait de son système la seule expression possible de la réalité comme l'a bien précisé Urvoy (p. 161). Il a soutenu Aristote autant qu'il s'est opposé à al-Ghazzālī,

---

> « La philosophie arabe se présente à nous avec le caractère d'une assez grande uniformité. Chez tous les philosophes dont nous venons de montrer la succession (Gazzali excepté), la méthode est la même, l'autorité [d'Aristote] est la même, la doctrine ne diffère que par le degré plus ou moins avancé de développement où elle est parvenue. » (Ibid., p. 101)

[37] Dans sa tentative d'expliquer l'influence des commentaires d'Ibn Rushd sur l'Europe chrétienne, le sujet principal de son ouvrage, Renan conclut : « L'histoire de l'averroïsme n'est, à proprement parler, que l'histoire d'un vaste contre-sens » (ibid., p. 432) ; un contre-sens qu'il décrit comme un mouvement d'interprétation statique et graduel qui a fini par altérer la véritable pensée aristotélicienne :

> « Interprète très-libre de la doctrine péripatétique, Averroès se voit interprété à son tour d'une façon plus libre encore. D'altération en altération, la philosophie du lycée se réduit à ceci : Négation du surnaturel, des miracles, des anges, des démons, de l'intervention divine; explication des religions et des croyances morales par l'imposture. Certes, ni Aristote ni Averroès ne pensaient guère qu'à cela se réduirait un jour leur doctrine. » (Ibid.)

Or en présupposant la continuité de l'histoire de la philosophie d'Aristote à Ibn Rushd, il semble que l'historien a hérité quelque chose que l'auteur, dont il est censé justement faire la critique historique, n'a pas reconnu : c'est la mésinterprétation d'Ibn Rushd des œuvres d'al-Ghazzālī et surtout son incapacité à réaliser la rupture historique opérée par son *Tahāfut* et d'en tirer les conséquences qui s'imposent et qui sont à l'origine du véritable contre-sens historique ; une rupture inaperçue qui a faussé son interprétation de la pensée arabo-musulmane.

et il a donné raison au philosophe autant qu'il a donné tort au juriste ; « il entend montrer qu'on fait fausse route en se remettant à cette [dernière] autorité. » (Urvoy 1998, p. 133), l'ironie c'est lui qui a fait fausse route, comme nous le verrons, en plongeant une fois pour toutes dans le schéma de pensée du système aristotélicien. Si l'auteur d'*al-Tahāfut* n'avait pas eu cette énorme influence, Ibn Rushd n'aurait jamais été amené à se définir contre lui en embrassant aussi fanatiquement Aristote. Dans sa tentative de contrer le torrent al-Ghazzālī, Abūl-Walīd a estimé qu'il n'avait pas d'autre choix que de s'appuyer sur une autorité sans faille, il croit avoir trouvé dans le système du Stagirite cette autorité puissante sur laquelle il peut entièrement compter, et le succès de son entreprise se mesure par sa capacité et son talent à le défendre. A défaut de reconnaître qu'il a suivi une tradition particulière, le Commentateur ne s'est pas rendu compte qu'il s'est enfermé dans une tradition en déclin dont il voudrait bien croire en la survie puisqu'elle était attaquée de toutes parts : des savants indépendants d'esprit comme Ibn Qurra, al-Qūhī ou encore Ibn-al-Haytham ; des juristes et *al-mutakallimūn* comme al-Ghazzālī et même des membres de son propre camp comme Ibn Bājja comme on le verra. Son manque d'indépendance d'esprit n'a pas empêché pour autant le Commentateur de faire preuve d'originalité quand il s'agit de prendre position sur certaines questions qui ont agité son temps. Prenons le cas de l'astronomie par exemple, voici l'un des arguments les plus profonds qu'il a avancés contre le système de Ptolémée :

> « On ne trouve rien, dans les Sciences mathématiques, qui conduise à penser qu'il existe des excentriques ou des épicycles. Les astronomes, en effet, posent l'existence de ces orbites à titre de principes, et ils en déduisent des conséquences, qui sont précisément ce que les sens peuvent constater ; ils ne démontrent nullement que les suppositions qui leur ont servi de principes soient, en retour, nécessitées par ces conséquences. » (*Système du monde*, tome II, p.136)

Et pourtant l'aristotélicien n'a pas vu que le pluralisme sous-jacent à cet argument logique est aussi applicable au système d'Aristote, et que ses commentaires ne prouvent en rien sa cohérence et encore moins sa nécessité ; de même qu'une astronomie non-ptoléméenne est possible, de même une logique non-aristotélicienne est possible, une dynamique non-aristotélicienne est possible, une métaphysique non-aristotélicienne est possible, etc. ce qu'Ibn Rushd exclut totalement de sa critique. Alors que les astronomes de l'orient ont essayé de réformer le système de Ptolémée, Abūl-Walīd, quant à lui, l'a complètement rejeté en affirmant : « en réalité, l'Astronomie de notre temps n'existe pas ; elle convient au calcul, mais ne s'accorde pas avec ce qui est » (ibid., p.139) ; et par « ce qui est », il ne veut nullement dire l'expérience mais plutôt la *Physique* d'Aristote comme le confirme ce passage :

> « Si Dieu prolonge suffisamment notre vie, nous nous livrerons à une étude approfondie de l'Astronomie telle qu'on la professait au temps d'Aristote. Il semble bien, en effet, que cette Astronomie là ne contredit pas aux principes

de la Physique. Il y a des mouvements qu'Aristote nomme laulabia [spirale] ; ce sont, je pense, ceux qu'on obtient en faisant mouvoir les pôles d'un orbe autour des pôles d'un autre orbe ; alors un point du premier orbe se meut sur une ligne laulabia; tel est le mouvement du Soleil composé avec le mouvement diurne ; et peut-être serait-il possible de représenter de la sorte les inégalités que présente le cours des planètes. » (Ibid., p. 137)

Même en astronomie, le Commentateur préconise de revenir au philosophe de l'antiquité et au vieux système homocentrique, la seule matière que le Stagirite semble ne pas avoir achevée, en ignorant que si l'auteur de l'*Almageste* a abandonné un tel modèle c'est parce qu'il était complètement rendu caduque par les nouvelles observations dont il disposait. Il n'est donc pas surprenant que cette voie de recherche frayée par l'aristotélicien et qui était suivie par certains astronomes andalous comme son condisciple al-Biṭrūjī ne les menaient nulle part, comme l'avait bien anticipé l'auteur de *Tahāfut al-falāsifa*. Son aristotélisme pur et dur l'aurait amené à rejeter tout aussi bien les systèmes d'Ibn al-Shāṭir et de Copernic puisque au nom d'Aristote il interdit le recours même aux épicycles, comme si la nature était indélébilement écrite dans la *Physique* du maître. Le cas de l'astronomie indique que le Commentateur a abusé de la philosophie du Stagirite puisqu'il a fini par exploiter au maximum son système complexe à titre d'instrument afin de s'opposer à tous ceux qui le critiquent. Cette tactique qui consiste à s'affirmer en s'appuyant systématiquement sur une autorité ne pouvait qu'échouer car elle est répugnante à l'esprit d'indépendance de l'époque. Contrairement à l'image de Commentateur qu'il cherchait peut-être à véhiculer, la plupart de ses contemporains et successeurs ne voyaient en lui qu'un simple imitateur pour ne pas dire un disciple servile du Stagirite comme en témoigne cette opinion ironique d'Ibn Sabʿīn : « si Aristote avait dit qu'un homme peut être à la fois assis et debout, Averroès l'aurait répété et enseigné » (Urvoy 1998, p. 159). Conscient que commenter n'est pas argumenter, Abūl-Walīd a eu le courage toutefois de se découvrir en enlevant le masque de Commentateur qu'il portait jusqu'ici. Il a fini par accepter de se soumettre à la rigueur de la nouvelle rationalité forgée par ses adversaires, un genre de discours qu'il a probablement cherché pendant longtemps à éviter : affronter directement l'auteur de *Tahāfut al-falāsifa* sur son propre terrain dans un débat en duel où l'argument de l'autorité s'efface devant l'autorité de l'argument. Urvoy a très bien vu cet autre aspect de l'enjeu de la logique de l'argumentation qui caractérise la tradition arabe :

« En fait, la situation de *Tahāfut al-Tahāfut*[38] [*L'incohérence de l'incohérence*] est très particulière. Averroès ne peut totalement s'y réfugier

---

[38] L'auteur d'*Averroès et l'averroïsme* fait remarquer : « Ibn-Roschd veut exprimer, par titre du sien, qu'il va faire crouler également l'ouvrage de Gazzali » (Renan 1852, p. 65, note 4). Ce titre paraît inapproprié car al-Ghazzālī dit clairement dans son *Tahāfut* qu'il ne défend aucun point de vue particulier et encore moins un système spécifique, autrement dit dans tout son ouvrage il adopte l'attitude d'opposant et non pas de proposant ; du coup on voit mal comment Abūl-Walīd peut faire

derrière une autorité qu'il se contenterait d'expliciter. Il est bien tenté par cette solution [de Commentateur] puisqu'il déclare que la doctrine d'Aristote « est le plus haut point que l'intelligence humaine ait pu atteindre », qu'elle nous a été donnée par la Providence pour nous apprendre ce qu'il est possible de savoir, etc. mais cela ne suffit pas auprès du public musulman et il doit *montrer* que la philosophie péripatéticienne ne tombe *effectivement p*as sous le coup des accusations du docteur oriental [al-Ghazzālī]. » (Urvoy 1998, p. 145 ; souligné par l'auteur)

Et là le philosophe de Cordoue semble avoir fait beaucoup de concessions à son redoutable adversaire au point d'être accusé d'hypocrisie par Renan (ibid.).

3.7. Acte IV. Fin de l'aristotélisme arabe : émergence de la physique moderne

Rappelons justement que la qualification de Commentateur lui a été donnée en fait ultérieurement par la Scholastique. L'une des raisons qui expliquent la popularité des œuvres d'Ibn Rushd auprès de l'Europe chrétienne est que ses commentaires ont permis aux scholastiques d'accéder à la pensée d'Aristote. Soulignons ici que cette pensée n'est nullement celle du IVe siècle avant J-C, comme on le croit généralement, et elle ne peut l'être ; mais une pensée mise à jour par le travail monumental du Commentateur qui a cherché à défendre le Stagirite contre toutes les critiques formulées par ses prédécesseurs et contemporains. L'ironie de l'histoire est que, croyant rétablir l'autorité du maître et sa tradition en essayant de renouveler sa pensée, Abūl-Walīd est ce dernier aristotélicien arabe, ce dont il n'était probablement pas conscient, qui a précipité sa chute en poussant son système conceptuel jusqu'au bout de ses extrêmes limites. Pour donner plus de substance à notre propos, considérons, à titre d'illustration, un seul exemple discuté brillamment par Duhem dans son *Système du monde* (tome 8, chapitre premier). Après avoir cité l'opinion des aristotéliciens comme al-Fārābī et Ibn Sīnā sur la question de l'existence du vide, Duhem résume la situation sur ce sujet comme suit :

> « Les philosophes de l'Islam, sectateurs convaincus d'Aristote, étaient donc unanimes à rejeter le vide. Les théologiens, au contraire, les Motekallemin, étaient atomistes et, partant, croyaient à l'existence du vide, sans lequel les atomes ne pourraient se mouvoir. » (pp. 9-10)

---

s'écrouler un ouvrage qui ne propose rien du tout. Il n'a pas vu qu'il a affaibli davantage sa position en concédant que la démonstration d'incohérence d'al-Ghazzālī affecte le système d'Ibn Sīnā. Un aveu qui vaut un précédent et donne par conséquent une première victoire à son challenger. Ce qui explique pourquoi le Commentateur admet qu'il lui incombe la charge de démontrer la cohérence du système aristotélicien, la seule manière pour lui de relever le défi d'al-Ghazzālī. Or Abūl-Walīd est incapable de produire une telle démonstration, un échec qui assure une double victoire à *al-Tahāfut* et à son auteur.

Duhem a, semble-t-il, appris la position diamétralement opposée des *mutakallimūn* par Maïmonide, qui n'a fait que les mentionner dans son *Guide des égarés* puisqu'il le cite immédiatement après.[39] Or ajoute l'auteur du *Système du monde* :

> « L'un des penseurs les plus originaux de l'Islam, Ibn Badja, l'Avempace des Scholastiques, ne regardait peut-être pas l'idée d'un espace vide comme dénuée de sens ; du moins rejetait-il l'une des objections qu'Aristote avait élevées contre cette idée. » (p. 10)

L'argumentation d'*al-mutakallimūn* a fini par porter ses fruits puisqu'elle a créé une fissure pour ne pas dire une blessure dans le corpus aristotélicien. Le penseur original a reconnu la limite de la physique aristotélicienne en remettant en cause l'autorité du premier maître. Et c'est paradoxalement son opposition à Aristote, sur le rôle joué par le milieu sur le mouvement des corps, qui lui a valu la grande célébrité dont il jouissait chez les scholastiques. Voici comment il a introduit sa fameuse objection telle qu'elle est rapportée par Abūl-Walīd :

> « En son quatrième livre, Aristote a évalué le rapport entre la résistance opposée par le milieu plein au corps qui se meut dans ce milieu et la puissance du vide. Mais ce rapport n'est pas ce que l'on juge en suivant son opinion. » (p. 11)

Voici le genre d'attitude constructive dont la connaissance avait besoin depuis longtemps pour avancer. Ibn Bājja (1095-1138), qui connaissait bien la thèse des atomistes, aurait pu s'opposer dogmatiquement à *al-mutakallimūn*. Et s'il ne l'a pas fait, c'est parce qu'il a reconnu la fécondité de l'existence du vide et l'intelligibilité de leur explication du mouvement des corps. Ce qui explique pourquoi il leur a donné raison en soutenant leur position, quitte à entrer en collision avec les

---

[39] De ce point de vue *Le système du monde*, qui est censé exposer toutes les théories cosmologiques formulées depuis Platon, peut être considéré comme incomplet dans la mesure où son auteur n'aborde nulle part la théorie atomiste des *mutakallimūn*. Cette omission n'est certainement pas due aux caprices de l'historien français mais à la difficulté d'accéder aux œuvres où la théorie atomiste a été développée. Rappelons qu'*al-mutakallimūn* ont élaboré une théorie atomiste très sophistiquée sur une longue période qui a duré plus de cinq cents ans (du VIIIe au XIIe siècles), plusieurs ouvrages ont été rédigés à ce sujet par Abū al-Hudhayl al-'Allāf (m. 841) et l'un de ses disciples Abū Ya'qūb al-Shahhām (fl. fin du IXe siècle), Abū 'Alī al-Jubbā'ī (m. 915) et son fils Abū Hāshim (m. 933), Abū al-Qāsim al-Balkhī (m. 934) ou encore le célèbre Abū al-Ḥasan al-Ash'arī (m. 935), pour ne citer que ces grands penseurs. Un exposé synthétique de leur doctrine est donné par Alnoor Dahani dans *The Physical Theory of Kalām : Atoms, Space and Void in Basrian Mu'tazilī*. Contrairement aux œuvres des aristotéliciens comme Ibn Sīnā et Ibn Rushd qui ont été traduits et abondamment commentés durant la période scholastique, aucun ouvrage des *mutakallimūn* n'a été traduit à l'exception de *Les intentions des philosophes* d'al-Ghazzālī qui semble avoir été traduit dès le XIIe siècle sous le titre *Liber de Algazelis summa theoreticae Philosophiae* alors que son *Tahāfut al-falāsifa* n'a commencé à être connu, sous le nom de Destructio philosophorum, qu'après la traduction au XIVe siècle de *Tahāfut al-Tahāfut* d'Ibn Rushd. Rejeté pour ne pas dire ridiculisé par les aristotéliciens qui n'ont même pas pris la peine de l'examiner, l'atomisme, une conception qu'ils considèrent comme incompatible avec la philosophie, semble être cette théorie maudite par l'histoire une fois qu'elle a été condamnée par l'opinion des autorités de la philosophie, celle de Platon et d'Aristote.

aristotéliciens en prenant à contrepied la doctrine du premier maître. Et il conclut au terme d'un long raisonnement que le milieu ne joue qu'un rôle accessoire et accidentel dans le mouvement naturel d'un corps grave :

> « Tout cela a lieu simplement à cause de la différence de la noblesse entre le moteur et la chose mue. Plus le moteur est noble, plus la chose qu'il meut est vite ; lorsque le moteur est moins noble, il est, en noblesse, plus voisin de la chose mue ; alors le mouvement est plus lent. »[40] (p. 11)

En négligeant le rôle du milieu, Ibn Bājja voulait que la loi simple et essentielle du mouvement naturel d'un corps dépende uniquement du moteur et du mobile, et de la comparaison que l'on peut établir entre eux. Et en introduisant cet argument de ses opposants dans sa tradition, Ibn Bājja a réalisé la prophétie d'al-Ghazzālī en créant au sein de l'aristotélisme arabe la contradiction qui a amorcé son écroulement effectif. Après *al-Tahāfut*, Abūl-Walīd a fait encore une fois preuve de son incapacité à tirer toutes les conséquences qui s'imposent, comme le fera plus tard Thomas d'Aquin, de l'attitude non aristotélicienne adoptée par son ex-collègue qui a fini par être convaincu par la simplicité et l'intelligibilité de l'argument des anti-aristotéliciens puisqu'il ne fait appel à aucune idée supplémentaire pour expliquer le mouvement des corps ; il ne s'est pas rendu compte qu'Ibn Bājja a en fait quitté la tradition aristotélicienne en abandonnant la doctrine de son fondateur pour expliquer un phénomène physique aussi important.

Al-Ghazzālī a condamné Aristote en l'accusant d'être dans l'erreur. Or voici un penseur audacieux qui semble avoir entendu son appel, a-t-il raison ? De son argument, le Commentateur a tiré une conclusion inacceptable : « si on l'accorde ce que dit Avempace, la démonstration d'Aristote est fausse » (ibid.) ; quel cauchemar ! Malgré la confiance qu'il affiche en la parole d'Aristote, *Tahāfut al-falāsifa* a appris au disciple que la vérité des thèses de son maître n'est pas irréfutable ; et le cauchemar d'Abūl-Walīd est de voir en effet un jour l'émergence d'un argument susceptible d'ébranler les fondements du système aristotélicien. Il lui est difficile de ne pas avoir pensé à al-Ghazzālī, qui l'a accompagné durant toute sa vie, pendant son examen de l'argument d'Ibn Bājja auquel il devait réfléchir longuement pour le contrer. Le disciple vient comme d'habitude à la

---

[40] Contrairement à l'affiliation classique de sa pensée, ce contre-argument suffit à lui seul pour faire d'Ibn Bājja non seulement un penseur original comme l'a indiqué Duhem mais ce qui est le plus important un non-aristotélicien en raison de son impact sur le développement de la dynamique. Soulignons que, du point de vue historique, c'est justement cet aspect non-aristotélicien de la pensée d'Ibn Bājja qui a retenu l'attention de la scholastique comme le montre Duhem. Ce qui n'a pas sans conséquence sur ce que Renan appelle « la grande uniformité » de la pensée aristotélicienne arabe puisqu'il s'avère qu'Ibn Rushd est non seulement le dernier mais surtout le seul aristotélicien post-Ghazzalī. C'est parce que l'auteur d'*Averroès et de l'averroïsme* a ignoré les textes scientifiques arabes, comme ceux d'Ibn Bājja, qu'il n'a pas pu apprendre que l'écroulement du système aristotélicien, annoncé par l'auteur d'*al-Tahāfut*, a été effectivement déclenché par la dynamique non-aristotélicienne d'Ibn Bājja.

rescousse du système de son maître en faisant appel à son vieux schème conceptuel qu'il connaît par cœur, il déploie tout son art d'avocat pour défendre le Stagirite qui semble être en difficulté en puisant dans ses propres ressources :

> « Au sein d'un élément, la chose mue n'existe qu'en puissance tandis que le moteur existe en acte ; un élément en effet est composé de matière première et d'une forme simple ; c'est la matière première qui est la chose mue tandis que le moteur, c'est la forme. Comme on ne peut, en ces corps, poser, d'une manière actuelle, la distinction en moteur et chose mue, il est impossible qu'ils se meuvent en l'absence de milieu ... En effet, si un tel corps simple se mouvait sans être environné d'un milieu, on ne trouverait plus de résistance de la chose mue au moteur. Bien plus ; il n'y aurait plus absolument rien qui fût essentiellement la chose mue. » (pp. 13-14)

Nous n'avons cité ici qu'un petit extrait d'une longue défense qui vise à nous rassurer que le système du premier maître est toujours en bon état, le remède qu'il propose contre l'attaque d'Ibn Bājja est le suivant : en un corps grave, comme par exemple la pierre, qui tombe, la force motrice c'est le poids ; la chose mue c'est encore le poids. La raison en est que la matière première n'est pas un être en acte, il est donc absurde que quelque chose qui n'existe qu'en puissance puisse résister au mouvement. La force motrice est en effet identique à la chose mue qui ne se distinguent l'un de l'autre qu'en puissance mais pas en acte. Abūl-Walīd croyait ainsi avoir pansé et guéri la blessure du corpus aristotélicien, or il ne s'est pas rendu compte que son commentaire n'a fait que l'approfondir davantage. Si les concepts aristotéliciens d'acte et de puissance interdisent à un aristotélicien comme Abūl-Walīd de faire la distinction d'un corps grave en moteur et chose mue, rien n'empêche un non aristotélicien, un théologien du XIIIe siècle, comme Thomas d'Aquin de le faire ne serait ce que par la pensée. A cet effet, Thomas d'Aquin commence d'abord par rétablir l'argument initial d'Ibn Bājja en dépouillant l'argument d'Abūl-Walīd des termes aristotéliciens :

> « En un corps grave ou léger, lorsque on enlevé ce que le mobile tient de son moteur, savoir la forme qui est le principe du mouvement et qui a été donnée par ce qui engendré le mobile, il ne reste que la matière ; et de la part de la matière, aucune résistance à l'égard du mobile ne saurait entrer en considération ; en ces corps-là, donc, la seule résistance qui demeure est celle qui provient du milieu. » (p. 18)

Après avoir subtilement isolé sa cible, le théologien attaque le point faible de l'argument du philosophe et de son Commentateur :

> « En un corps grave ou léger, si l'on supprime par la pensée la forme donnée par ce qui a engendré le mobile, il reste un corps doué d'une certaine grandeur ; et par le fait même que ce corps doué de grandeur est dans une situation opposée [à celle où le mouvement le conduira], il offre une résistance au moteur. Pour les corps célestes, en effet, il est impossible qu'ils offrent à leurs moteurs une résistance autre que celle-là. » (Ibid.)

L'originalité de Thomas d'Aquin est qu'il s'est affranchi des concepts aristotéliciens d'acte et de puissance qui font obstacle à une analyse concrète du phénomène, c'est dire combien la philosophie du Stagirite a énormément perdu de sa pertinence et son appareil conceptuel de son influence. Ce que la pensée distingue, c'est d'une part la force motrice ou la gravité, et d'autre part non pas la matière première toute brute et toute nue, comme le croyaient naïvement Abūl-Walīd et son maître, mais une matière première déjà pourvue de dimensions déterminées, une certaine quantité de matière, qui occupe une position précise et qui résiste à la force lorsque celle-ci veut l'amener à une autre position. En parvenant à démanteler les premiers composants du système aristotélicien et à les remplacer par de nouveaux concepts qui rendent caduques son appareil conceptuel, Duhem conclut que ce sont les arguments des deux penseurs non-aristotéliciens qui sont à l'origine du développement de la physique moderne :

> « L'analyse de Saint Thomas d'Aquin, complétant celle d'Ibn Badja, est parvenue à dissocier en un grave qui tombe, ces trois notions : le poids, la masse, la résistance du milieu, sur lesquelles raisonnera la Physique des temps modernes.[…] Ce que Thomas d'Aquin avait apporté à l'appui de l'opinion d'Ibn Badja était extrêmement nouveau, extrêmement éloigné de la doctrine péripatéticienne » (pp. 19-20).

Le cauchemar d'Abūl-Walīd est devenu réalité.

4. Conclusion

L'histoire des sciences, que nous ne faisons ici qu'esquisser, nous montre que la science, telle que nous la connaissons aujourd'hui, est, plus qu'autre chose, le fruit d'une véritable collaboration interculturelle pour ne pas dire d'un véritable dialogue entre les civilisations qui a remarquablement transcendé les spécificités culturelles dans lesquelles la science a pris naissance et les rivalités politiques et sociales. C'est dire combien la construction de la science, qualifiée souvent d'occidentale ou d'européenne comme l'a fait le fondateur de la phénoménologie dans ce qu'il appelle *La Crise des sciences européennes*, est loin d'être l'œuvre d'une seule nation ou d'une culture particulière mais elle est plutôt une entreprise interculturelle qui a commencé depuis l'invention de l'écriture par les sumériens en Mésopotamie et qui s'est étendue ensuite au bassin méditerranéen.

Nous espérons que notre introduction a comblé quelques lacunes du développement de la science et suggérera quelques pistes de recherches pour les chercheurs en vue d'améliorer notre compréhension de son histoire en attendant la réforme de leur périodisation. Et pour conclure, rappelons la dimension éminemment humaine de l'histoire : la valeur d'une civilisation ne se mesure pas uniquement par sa production scientifique et culturelle, aussi grandiose et originale soit-elle ; mais aussi, en tant que société dominante, par sa manière de traiter les autres civilisations, présentes et passées. Nous espérons que les historiens de demain seront suffisamment humanistes en reconnaissant et en appréciant équitablement le bilan de leurs prédécesseurs : en leur rendant hommage là où ils ont raison et en étant indulgents avec eux là où ils se sont égarés comme nous le rappelle cet encyclopédiste du IXe siècle, al-Kindī :

« Il est de notre devoir le plus nécessaire de ne pas blâmer quiconque nous a aidés à acquérir des profits légers et menus; que dire alors de ceux qui nous ont aidés à acquérir des profits importants, réels, considérables. Car, même s'ils ont manqué partiellement le vrai, ils furent nos alliés et nos associés puisqu'ils nous ont procuré les acquis de leur pensée qui ont été pour nous des voies et des instruments qui nous ont conduits à la science de ce dont ils n'ont pu atteindre la vérité. Et cela d'autant plus que, pour nous et pour les plus éminents de ceux qui se sont consacrés avant nous à la philosophie — des gens qui ne parlaient pas notre langue, il est clair que pas un homme, dans l'effort de sa recherche, n'a pu atteindre le vrai autant que le vrai l'exige, et que tous ensemble ne l'ont pas possédé; mais chacun d'eux ou bien n'en a rien atteint ou bien n'en a atteint que peu de chose par rapport à ce qu'exige le vrai. Si donc on rassemble le peu qu'a atteint chacun de ceux qui ont atteint le vrai, la somme en est quelque chose d'imposant. Il nous faut donc grandement remercier ceux qui nous ont procuré quelque chose du vrai et davantage encore ceux qui nous en ont procuré beaucoup, car ils nous ont fait participer aux acquis de leur pensée, ils nous ont rendu plus abordables les recherches <des choses> vraies et cachées en nous fournissant les prémisses qui aplanissent pour nous les chemins du vrai. Si en effet ils n'avaient pas existé jamais nous n'aurions rassemblé, même en les recherchant intensément tout au long de nos vies, ces principes vrais au moyen desquels nous parvenons au terme de nos recherches <des choses> cachées. Tout cela n'a pu se rassembler que dans les siècles précédents qui se sont écoulés, siècle après siècle, jusqu'au temps qui est le nôtre, au prix d'une recherche intense, d'une étude sans relâche, d'une fatigue assumée dans ce but. Il est impossible que se rassemble dans le temps imparti à un seul homme — et même si la durée en était prolongé, si sa recherche s'intensifiait, si sa spéculation s'affinait et s'il faisait passer l'étude avant tout — que s'y rassemble donc autant d'intensité dans la recherche, d'affinement dans la spéculation, de préséance accordée à l'étude, multipliées autant que se multipliaient toutes ces époques. » (in Rashed 1998, pp. 10-12)

Hassan Tahiri

Bibliographie

Anghelescu, N.: 1998, *Langage et culture dans la civilisation arabe*, Paris, Editions L'Harmattan.

Brentano, F. : 1874, *Psychologie du point de vue empirique*, traduction de M. De Gandillac, Aubier, Paris.

Burnet, John: 1908, *Early Greek Philosophy*, second edition, London, A. and C. Black Year.

Charnay, J-P. (éd.) : 1967, *L'ambivalence dans la culture arabe*, Editions Anthropos, Paris.

Dahani, Alnoor: 1994, *The Physical Theory of Kalām: Atoms, Space and Void in Basrian Mu'tazilī Cosmology*, Leiden, Brill.

Dodds, E. R. : 1951, *The Greeks and the Irrational*, Berkley, University California Press.

Duhem, P. : 1913-1965, *Le Système du monde: Histoire des doctrines cosmologiques de Platon à Copernic*, 10 volumes, Hermann, Paris.

Etiemble, René : 1973, *L'écriture*, Paris.

Al-Ghazzālī : 1997, *Tahāfut al-Falāsifah (The Incoherence of the Philosophers)*: A Parallel Arabic-English Text, translated by M. Marmura, Brigham Young University Press.

Gutas, Dimitri : 2005, *Pensée grecque, culture arabe : Le mouvement de traduction gréco-arabe à Bagdad et la société abbasside primitive (IIe -IVe/VIIIe-Xe siècles)*, Editions Aubier.

Ibn al-Haytham: 1971, *al-Shukūk 'alā Baṭlamyūs*, Edition du texte arabe par A.I. Sabra and N. Shehaby, Dar al-Kutub, Cairo.

Husserl, Edmund: 1936, *La Crise des sciences européennes et la phénoménologie transcendantale (Krisis)*, Gallimard, Paris.

Kant, I. : 1787, *Critique de la raison pure*, traduit par Alain Renaut, Flammarion.

Koyré, A. : 1963, "Commentary on H. Guerlac's: Some historical assumptions of the history of science" in A.C. Crombie (ed.) *Scientific Change*, London, pp. 847-857, réimprimé sous le titre "Perspectives sur l'histoire des sciences" in *Etudes d'histoire de la Pensée Scientifique*, Paris. 1966.

Laërce, Diogène : 1999, *Vies et doctrines des philosophes illustres*, Théâtre, Paris.

Lloyd, G. E. R.: 1970, *Early Greek Science: Thales to Aristotle*, London, Chatto and Windus.

Lloyd, G. E. R.: 1972, "The Social Background of Early Greek Philosophy and Science" in D. Daiches and A. Tholby (eds.), *Literature and western Civilisation*, vol. 1, London, Aldus, pp. 382–395.

Massignon, Louis : 1969, "La syntaxe intérieure des langues sémitiques et le mode de recueillement qu'elles inspirent", in *Opera Minora*, paris.

Ibn Qutayba: 1956, *Kitāb al-Anwā'*, C. Pellat and M. Hamidullah (eds), Hyderabad, Dā'irat al-Ma'ārif al-'Uthmāniyya.

Ibn Qutayba: 1988, *Adab al-kātib*, vol. 2, Beirut, Dār al-Kutub al 'Ilmiyya

Rashed, Roshdi (éd.) : 2007, *Al-Khwārizmī. Le commencement de l'algèbre*, texte établi, traduit et commenté par R. Rashed, Albert Blanchard, Paris.

Rashed, Roshdi : 2011, *D'al-Khwārizmī à Descartes. Etudes sur l'histoire des mathématiques classiques*, Editions Hermann, Paris.

Rashed et Jolivet: 1998, *Œuvres philosophiques et scientifiques d'Al-Kindi: Métaphysique et cosmologie*, volume 2, Leiden, Brill.

Renan, Ernest : 1852, *Averroes et l'averroisme essai historique*, Paris, Auguste Durand.

Saliba, G.: 1994, *A History of Arabic Astronomy, Planetary Theories during the Golden Age of Islam*, New York University Press, New York and London.

Sarton, George: 1954, *Ancient Science and Modern Civilization*, University of Nebraska Press.

Schjellerup, H.C.F.C. : 1874, *Descriptions des Étoiles Fixes, composée au Milieu du Dixième Siècle de Notre Ère*, Traduction littérale de deux manuscrits arabes de la Bibliothèque royale de Copenhague et de la Bibliothèque impériale de Saint-Pétersbourg, St-Pétersbourg : Eggers et Cie.

Simon, G.: 2003, *Archéologie de la vision: l'optique, le corps, l'âme*, Editions du Seuil, Paris.

Al-Ṣūfī: 1981, *Kitāb ṣuwar al-kawākib al-thamānia wal-arba'ine*, Beirut, Dār al-'āfāq al-Jadīda.

Tahiri, Hassan : "The Birth of Scientific Controversies: The Dynamic of the Arabic Tradition and its Impact on the Development of Science: Ibn al-Haytham's Challenge of Ptolemy's *Almagest*" in S. Rahman, T. Street and H. Tahiri (eds), *The Unity of Science in the Arabic Tradition: Science, Logic, Epistemology and their Interactions*, 2008, Springer.

Urvoy, Dominique : 1998, *Averroès : Les ambitions d'un intellectuel musulman*, Editions Flammarion.

Van der Waerden, B.L.: 1961, *Science Awakening*, Oxford University Press.

Van der Waerden, B.L.: 1985, *A History of Algebra. From Al-Khwārizmī to Emmy Noether*, Springer.

Az-zajjājī : 1995, *The Explanation of Linguistic Causes*, introduction, translation and commentary of *Kitāb al-īḍāḥ fī 'ilal an-naḥw* by Kees Versteegh, Amsterdam, John Benjamins Publishing Company.

Unité et complémentarité des sciences selon Ibn Ḥazm

Ahmed Alami
University of Ibn Tofayl-Kenitra

Résumé. L'extraordinaire développement qu'a connue la civilisation arabe aux temps des Omeyyades et Abbassides n'a pas était seulement au niveau matériel : conquête de nouveaux territoires, expansion du commerce, extension des villes, etc. Il a également touché les savoirs. De nouvelles sciences voient le jour dans la civilisation arabe, telles que les sciences de la langue, les sciences religieuses et les sciences dites rationnelles. Mais ces types de sciences n'ont pas coexistées sans heurts. En fait, comment lier toutes ces sciences disparates et hétérogènes ? Comment trouver le lien qui soude les sciences religieuses et les sciences rationnelles dites des anciens, ou sciences des grecques ? Cette communication a pour but de présenter comment Ibn Ḥazm (384-456 (Hijrī)/994-1046), théologien andalou, réfute les arguments des ennemis de l'unité des sciences et comment il construit une argumentation solide et claire en faveur d'une unité et d'une complémentarité de tous les types de sciences.

Mots-clés : logique, sciences, formes universelles, raison, foi, unité, complémentarité.

L'extraordinaire développement qu'a connu la civilisation arabe au temps des Omeyyades et des Abbassides est d'ordre matériel et intellectuel. Il réside dans la conquête de nouveaux territoires, l'expansion du commerce, l'extension des villes, mais aussi dans l'apparition de nouvelles sciences comme les sciences de la langue, les sciences religieuses et les sciences dites rationnelles. Ces sciences disparates et hétérogènes n'ont pas coexisté sans heurts. Comment trouver ce qui lie les sciences religieuses et les sciences rationnelles dites des anciens, ou sciences des Grecs?

Dans cette communication, on verra comment le théologien andalou Ibn Ḥazm (384-456 (Hijrī)/994-1046) réfute les arguments des ennemis de l'unité des sciences et comment il construit une argumentation solide et claire en faveur d'une unité et d'une complémentarité de tous les types de sciences.

I

Pour traiter cette question, Ibn Ḥazm compose Le traité de la classification des sciences. Il commence par souligner le caractère historique des sciences, puisque chaque époque a ses propres particularités, et par conséquent ses propres sciences. Il n'y a pas de science qui puisse être dite valable dans tous les temps : les civilisations anciennes avaient leurs propres sciences et leurs savoirs dont elles tiraient profit. Selon Ibn Ḥazm, l'émergence de ces sciences répond au besoin d'une civilisation donnée. Il est intéressant de noter que pour notre théologien les sciences sont liées aux forces de la terre et au temps. Il n'y a pas de science qui transcende le temps et ses exigences. Car, dit-il, « chaque lieu a son discours, et chaque temps a son état.»[41] D'où la disparition de certaines sciences et l'émergence de tant d'autres. Cette façon de voir pousse notre théologien à être pragmatique à l'égard des sciences. Il n'est pas question de s'occuper des sciences non utiles pour l'époque. En revanche « il est impératif, dit-il, que chacun s'occupe des sciences dont l'acquisition est possible et dont l'utilité pour l'époque est attestée.»[42] Cette position contraste avec celle des orthodoxes qui estiment que seules les sciences religieuses des premiers temps de l'Islam sont légitimes, et par conséquent toute science nouvelle constitue une hérésie et un éloignement de la pureté de la naissance de la religion. Si, pour ces derniers, les sciences sont commandées par une exigence fixe dans le temps, pour Ibn Ḥazm les principes de l'émergence des sciences sont l'utilité dans un ici et un maintenant.

Tel est le premier principe établi par Ibn Ḥazm pour traiter la question de l'unité des sciences. Le second principe, aussi important pour notre théologien que le premier, consiste à souligner la finalité de la vie. Pour la saisir, Ibn Ḥazm rappelle le principe religieux qui établit l'existence de deux vies, celle-ci et celle qui vient après la mort. En bon croyant, Ibn Ḥazm estime que la vie en ce monde est éphémère. « Or se fatiguer, dit-il, à ne maîtriser que les sciences qui ne sont utiles que dans ce monde-ci, est une opinion vaine et un effort en pure perte, car les sciences utiles dans ce monde-ci ne sont que celles qui font gagner de l'argent ou celles qui conservent la santé.»[43] L'activité lucrative pour Ibn Ḥazm ne nécessite pas forcément l'usage de la science. Et Ibn Ḥazm de montrer que si quelqu'un vise à avoir des gains, il n'est pas utile pour lui de se fatiguer étudier les sciences. En revanche, dit-il, « gagner de l'argent sans l'usage de la science est plus efficace et plus sûr.»[44] Faire de la politique et pratiquer le commerce, par exemple, sont, pour Ibn Ḥazm, des moyens plus efficaces pour celui qui a une finalité lucrative. Selon notre théologien, on trouve davantage d'ignorants qui réussissent dans les activités

---

[41] Ibn Ḥazm, *Risāla marātib al-ʿulūm* (*Traité de la classification des sciences*), éd. Ihsan Abbas, Beyrouth, 1983, p. 61.
[42] Ibid., p. 62.
[43] Ibid., p. 63.
[44] Ibid., p. 63.

lucratives que de savants habiles.⁴⁵ D'où la conclusion qui s'impose pour Ibn Ḥazm : « pratiquer les sciences pour gagner de l'argent et s'épuiser à ce but est une vaine fatigue. Et celui qui agit de la sorte commet deux grandes erreurs : la première, c'est de laisser de côté le plus court et le plus facile des chemins pour arriver à son but, et de prendre la voie la plus difficile, la plus longue, la plus fatigantes et dont l'utilité lucrative est la plus petite et dont les bénéfices sont les plus lointains.»⁴⁶ La deuxième erreur, c'est d'acquérir des biens éphémères en usant de la vertu la plus parfaite qui le distingue des insectes et des bêtes.⁴⁷

Ainsi donc, la science parfaite est celle « qui conduit au salut dans la vie éternelle».⁴⁸ Bien plus, toutes les sciences ne peuvent avoir la perfection qu'elles souhaitent que si elles ont pour but ce salut même. Une science n'a de valeur pour notre théologien que si elle a une finalité qui vise le salut. Par conséquent, il n'est utile de s'occuper de la science de la logique ou de la géométrie, par exemple, que si elles conduisent à la connaissance du Créateur. La finalité de toutes les sciences doit être divine, c'est-à-dire qu'elles doivent servir au salut éternel. En réalité il n'est utile de s'occuper de ces sciences dont la définition est « la connaissance des choses telles qu'elles sont»⁴⁹ que si elles ont pour « finalité de prouver l'existence de l'Agent en se basant sur ses créatures».⁵⁰ C'est cela qui, selon notre théologien, conduit au salut. « Mais si la finalité n'est que la connaissance des choses présentes telles qu'elles sont, sans plus, alors celui qui réclame cette science (…) mérite qu'on le qualifie de curieux et de fou plutôt que de savant, car la définition de la science comme on l'a déjà dit, c'est l'utilité qu'on peut en avoir pour soi et pour autrui dans ce monde-ci et dans l'autre monde.»⁵¹

II

Ces deux conditions posées, Ibn Ḥazm aborde la question des types de sciences et de leurs classifications.

Pour notre théologien, les sciences sont au nombre de sept. Trois d'entre elles sont spécifiques à une civilisation donnée et les quatre autres sont universelles et se trouvent dans toutes les civilisations. En effet, pour Ibn Ḥazm, chaque civilisation a sa propre science religieuse, sa science de l'histoire et sa science de la langue. Toutes trois se trouvent dans chaque civilisation et ne peuvent en aucun cas prétendre à l'universalité. Ce qui veut dire qu'il n'y a pas une seule science religieuse ou une seule science de la langue pour plusieurs civilisations. En revanche, les quatre autres types de sciences sont universels. Ce sont, pour Ibn

---

[45] Ibid., p. 63.
[46] Ibid., p. 63.
[47] Ibid., p. 63.
[48] Ibid., p. 64.
[49] Ibid., p. 75.
[50] Ibid., p. 75.
[51] Ibid., pp. 75-76.

Ḥazm, la science des astres, la science des chiffres, la science de la médecine et la science de la philosophie. Ces quatre sciences se trouvent dans toutes les civilisations, c'est-à-dire qu'il n'y a aucune contradiction à trouver une seule science philosophique, ou une seule médecine, ou une science mathématique pratiquée dans plusieurs civilisations. Du reste, qu'elle soit universelle ou spécifique, chaque science exige, pour être acquise, d'autres sciences. Il est donc indispensable, pour Ibn Ḥazm, de hiérarchiser l'acquisition des sciences. « Il faut, dit-il, commencer par acquérir les sciences qui sont indispensables pour acquérir d'autres sciences. Puis il faut préférer celles qui sont plus importantes et plus utiles. »[52] Cette façon de voir pousse Ibn Ḥazm à rejeter la position de ceux qui estiment qu'il est possible d'acquérir une science sans passer par celle qui lui est indispensable. « Celui qui vise, dit-il, à s'élever au niveau des plus hautes sciences sans se fatiguer à étudier ce qui y conduit, est comme celui qui souhaite monter au sommet d'une bâtisse sans se donner la peine d'emprunter les escaliers et les voies qui sont indispensables pour l'atteindre ».[53]

S'il est vrai que chaque science dépend d'une autre, et en réalité elle dépend nécessairement des autres sciences, il ne faut pas croire que pour notre théologien il y a une science qui serait au-dessus de toute dépendance. Il ne s'agit pas d'une hiérarchie unilatérale, mais réciproque. Toute science, quels qu'en soient la nature, les principes et les finalités, dépend des autres sciences. Mais que veut dire Ibn Ḥazm par cette dépendance mutuelle ? S'il est compréhensible que les sciences poétiques dépendent de celles de la grammaire, que dire des sciences religieuses ? Est-il vrai qu'elles dépendent des autres sciences dites positives, telles que celles de la langue et de la lecture ?

III

Pour notre théologien, toutes ses sciences sont nécessaires les unes aux autres, et aucune ne peut être autonome ou se prétendre supérieure aux autres. Mais ce qui fait la particularité de la position de notre théologien, c'est le fait qu'il prend en compte les sciences religieuses elles-mêmes dans ce système d'interdépendance. Contrairement aux orthodoxes qui estiment que la religion et ses sciences sont au-dessus de toute dépendance, et que seule la foi est utile pour être un bon croyant, Ibn Ḥazm considère que les sciences religieuses ont besoin des autres sciences. Il est certain que le but des sciences religieuses, pour notre théologien, c'est le salut éternel. Mais cette finalité ne suppose pas pour Ibn Ḥazm une indépendance vis-à-vis des autres sciences. Il est certain que pour acquérir ces sciences religieuses il faut connaître la religion et appliquer ses préceptes. « S'il en est ainsi, dit Ibn Ḥazm, il est indispensable d'avoir une connaissance des ordres de Dieu, exalté soit-il !, et les promesses qu'Il a déclarées dans son Livre, comme il est indispensable

---

[52] Ibid., p. 62.
[53] Ibid., p. 62.

d'avoir une connaissance des recommandations du Prophète, que le salut soit sur Lui !».[54] Mais ces deux conditions, aussi importantes qu'elles soient pour la religion, ne suffisent pas pour le croyant, car on doit avoir en plus, comme le souligne Ibn Ḥazm, une connaissance des positions des savants de la religion, c'est-à-dire d'avoir une connaissance « de ce qui les réunit et de ce qui les sépare».[55] Les principes de la religion passent nécessairement par des sciences humaines (*al-'ulum insiya*), c'est-à-dire par une autorité de certains hommes dits savants religieux. La transcendance de la religion se trouve vite sur un espace immanent et terrestre qui ne fait que se confirmer pour Ibn Ḥazm. « On ne peut arriver à cela, c'est-à-dire aux positions des savants de la religion, que si on a une connaissance de ceux qui ont transmis leurs positions, et une connaissance de leurs temps, de leurs noms et leurs généalogies»[56] afin de distinguer ceux qui sont véridiques de ceux qui ne le sont pas. En plus, il est nécessaire de connaître les différentes façons de lire le Livre sacré, le Coran. On le sait, la façon dont on lit les textes coraniques concerne le sens. Les savants religieux ont très tôt pris conscience de son importance. D'où le soin qu'ils ont accordés à cette question. Quoi qu'il en soit, ces sciences des lectures des textes coraniques nécessitent, pour être maîtrisées, d'autres sciences, comme celle « du langage, et la grammaire».[57] Mais ces deux dernières sciences ne peuvent être maîtrisées, pour Ibn Ḥazm, que si on maîtrise la science poétique. Signalons ici que la position d'Ibn Ḥazm sur la poésie est audacieuse, car il ne faut pas oublier l'anathème du Texte sacré dont elle a été touchée. Pour Ibn Ḥazm, une certaine maîtrise de l'héritage poétique est nécessaire à la grammaire et la rhétorique, mais aussi à la compréhension des textes sacrés.[58]

Outre les sciences de la langue, de la grammaire et de la poésie, les sciences mathématiques sont également indispensables à la religion, car la jurisprudence ne peut fonder une gestion de l'héritage que si elle s'appuie sur une parfaite connaissance du calcul pour départager les héritiers. Par ailleurs, la science astronomique est également indispensable pour Ibn Ḥazm, car c'est elle qui permet de fixer les heures des prières et le début de chaque mois. Toutes ces sciences sont indispensables aux sciences religieuses. La religion elle-même ne peut être pratiquée qu'en ayant recours à ces sciences dont elle dépend. Mais ce n'est pas tout. Pour Ibn Ḥazm, il est également indispensable de connaître aussi les sciences

---

[54] Ibid., p. 82.
[55] Ibid., p. 82.
[56] Ibid., p. 82.
[57] Ibid., p. 82.
[58] Signalons quand même que pour Ibn Ḥazm la poésie ne peut être acceptée que si elle ne conduit pas à des aberrations contraires à l'esprit de la religion. Aussi condamne-t-il quatre types de poésie. Celle qui incite au désir et à la puissance ; celle qui raconte les combats et les victoires des gangs durant la période antéislamique. Ce type poétique est condamné par Ibn Ḥazm parce qu'il incite l'âme à la convoitise et aux préjudices. Le quatrième type concerne la poésie qui incite à l'isolement, enfin celle qui ne s'occupe que de pamphlet et de satire. Cf. pp. 66-67.

dites fausses, comme les sciences astrologiques. « Car personne, dit-il, ne peut avoir une connaissance certaine de la fausseté de cette science sans l'étudier, et on ne peut distinguer le faux du vrai que si on en a une parfaite connaissance.»[59] Vraie ou fausse, une science est indispensable aux autres sciences. Une science dite fausse serait aussi indispensable qu'une autre dite vraie.

Mais si la relation entre ces sciences religieuses et les sciences de la langue, de l'histoire et de la poésie ne pose pas de gros problèmes pour un croyant, comment imaginer la relation entre les sciences religieuses et les sciences dites rationnelles comme la philosophie et la logique ? Prenons le cas de la logique. Comment Ibn Ḥazm établit-il un lien entre cette science et la religion, lui qui est un théologien zahirite et un fervent défenseur de la foi ? Mais avant de présenter sa position, il convient d'abord de rappeler très sommairement les grandes positions qui ont dominé le domaine de la logique dans la culture arabe et sa relation avec la religion.

IV

Comme on le sait, la transmission de la philosophie grecque au monde arabe a d'abord été celle des œuvres d'Aristote et de ses commentateurs. En particulier, les traités qui composent l'Organon ont été traduits très tôt et à plusieurs reprises, fondant ainsi une tradition d'étude de la logique dont témoigne l'œuvre des grands falasifa. Cette réception de la logique a été accompagnée de nombreuses controverses liées au statut de cette discipline parmi les sciences du langage, et liées aussi à la prétention d'en faire l'outil universel de tout savoir. En effet, la logique « grecque » a été immédiatement confrontée dans le monde arabo-musulman au savoir des grammairiens : ces derniers avaient en effet développé une connaissance systématique de la langue arabe, nécessitée par le développement des commentaires du Texte sacré et de la jurisprudence. Une controverse célèbre rend compte de cet affrontement entre logique grecque et grammaire arabe. Contre Matta ibn Yunus, traducteur d'Aristote, le grammairien, as-Sirafî, conclut à l'inutilité de la logique. Face à ce refus, les philosophes se sont attachés à démontrer, comme le fait al-Fārābī, l'indépendance du plan proprement logique d'étude du discours où les termes sont vus comme supports des significations intelligibles communes à toute pensée, quelle que soit la langue.

Pour al-Fārābī, la logique prend les termes, dans quelque langue que ce soit, comme signe des intelligibles. Son objet est donc l'articulation des significations universelles, telle qu'elle doit, en tout esprit humain, refléter l'ordre des êtres. La logique est la science des intelligibles « en tant que les termes les signifient » ; elle n'est pas une grammaire générale, et la grammaire ne peut se substituer à la

---

[59] Ibid., p. 83.

logique : chacune a son domaine propre et sa légitimité, même si la fin de la logique, dans l'économie de la connaissance humaine, apparaît supérieure.[60]

La même position se trouve chez Ibn Sīnā. Parce que la logique considère le discours comme support de la pensée, elle doit être distinguée des disciplines qui, comme la grammaire et la métrique, établissent le bon usage de langue. Avicenne, tout en reconnaissant que chacune occupe un plan différent, laisse clairement voir une hiérarchie entre ces plans. On peut bien écrire sans connaître la grammaire, mais aucune science humaine ne peut se dispenser d'apprendre les règles logiques qui traduisent les formes universelles de la raison.[61]

Tel est donc le statut de la logique avant Ibn Ḥazm. Comment va-t-il réagir face à ce problème ? Va-t-il se rallier aux grammairiens et aux théologiens orthodoxes hostiles à la logique, et aux sciences des anciens ('ulum al-Awa'il) d'autant plus que l'orthodoxie andalouse réfutait avec virulence les sciences grecques y compris la logique ? Ou bien va-t-il se rallier à la position des philosophes ? Pour traiter cette question, notre théologien consacre un traité entier intitulé La vulgarisation de la logique (*al-Taqrīb liḥaddi al-Manṭiq*). C'est l'analyse de ce traité qui nous permettra de saisir la position de notre théologien.

V

Notre théologien commence par rappeler que la vertu suprême qui distingue l'homme, c'est le langage et l'intelligence. « Nous avons trouvé, dit-il, que Dieu - exalté soit-Il !- a accordé la plus grande grâce au premier homme du genre humain, qui est l'apprentissage des noms des choses (...) ».[62] C'est cette qualité qui distingue l'homme des autres espèces et lui accorde une place particulière dans l'univers. Or, dit-il « celui qui ignore la quantité de cette grâce en lui et en tous ceux qui sont de son espèce, et ne connaît pas la place que prend cela en lui, ne sera différent des bêtes que par la forme. (...) Et celui qui ne connaît pas les attributs des choses nommées qui font que leurs noms se distinguent, et ne définit pas tout

---

[60] Al-Fārābī dit dans *Iḥṣā' al-'ulūm* ou *Livre du recensement des sciences*, §§53-62, (trad. inédite de Jacques Langhade) : « la grammaire donne des lois qui concernent les termes d'une nation déterminée ; elle considère ce qui est commun à cette nation et aux autres du point de vue où cela est présent dans cette langue dont on fait la grammaire. Tandis que la logique ne donne des lois des termes que celles qui sont communes aux termes des nations ; et elle les considère du point de vue où ils sont communs. Elle n'étudie absolument pas ce qui est particulier aux termes d'une nation déterminée ; mais on recommande aux savants de cette langue ce dont on pourrait avoir besoin de particulier pour cette langue (...). »
[61] « Le rapport de la logique à la réflexion est comme le rapport de la grammaire au discours, et de la métrique à la poésie. Mais un naturel et un goût sains pourraient dispenser d'apprendre la grammaire et la métrique ; alors qu'aucune nature humaine ne peut se passer, dans l'usage de la réflexion, de commencer d'abord par la préparation de cet instrument qu'est la logique, sauf dans le cas d'un homme aidé par Dieu », Ibn Sīnā, Kitab an-Najat, Trad. de L. Gauthier in: *La théorie d'Ibn Rochd (Averroès)*, Paris, Leroux, 1909, p. 41-42, modifiée et complétée.
[62] Ibn Ḥazm, *Al-Taqrīb liḥaddi al-Manṭiq*, éd. Ihsan Abbas, Liban, 1983, p. 93.

cela par leurs définitions, sera alors ignorant de la quantité de cette grâce précieuse, il sera comme celui qui passe à côté d'elle sans s'en rendre compte. Celui qui agit de la sorte ne vivra pas une petite, mais une très grande déception».[63] Cette faculté d'intelligence permet à l'homme de nommer les choses et de distinguer les différentes espèces ainsi que les différents sens accordés aux mots. Or, tout cela ne peut être fondé que grâce à la science de la logique. Elle découle, selon notre théologien, naturellement de cette grâce qui est le langage et l'intelligence. C'est donc une nécessité naturelle, et non artificielle, qui fonde la logique. L'homme ne peut affirmer sa nature, qui le distingue des autres espèces, que s'il est en mesure de fonder et de pratiquer la logique. Cette façon de voir implique déjà comment Ibn Ḥazm va traiter question de la logique. S'il en est ainsi, la pratique de la logique ne sera pas spécifique à une civilisation donnée ou à une culture donnée, mais sera liée à la nature de l'homme comme tel pour autant que ce dernier prend conscience de la faculté du langage et de l'intelligence dont il jouit.

Une fois ce principe établi, Ibn Ḥazm affronte les opposants à la science de la logique. Rappelons la particularité de l'orthodoxie andalouse qui était décidée à ne pas répéter les erreurs de l'Orient musulman qui a vu naître la dissidence et la division. Les attaques se sont donc succédés avec une telle virulence venant de cette orthodoxie qui estime, comme le rapporte Ibn Ḥazm dans son traité, que « ces livres [de logique] contiennent de l'hérésie et incitent à l'athéisme».[64] Signalons qu'Ibn Ḥazm a dû lui-même faire face à ces positions hostiles à la logique et la philosophie dès sa jeunesse. « J'ai vu, dit-il, au début de mes études et avant d'avoir la maîtrise des savoirs, des sectes parmi les perdants ... qui affirment d'une façon catégorique, mais sans certitude aucune... que la philosophie et la logique sont contraires à la religion».[65] Théologien convaincu, Ibn Ḥazm n'hésite cependant pas à démasquer le visage de cette orthodoxie composée de gens qui condamnent, dit-il, les livres logiques « sans qu'ils comprennent leurs sens ou sans qu'ils les lisent attentivement.»[66]

Mais la position des orthodoxes ne se limite pas aux simples condamnations, mais avance des arguments solides contre la pratique et l'utilité de la logique. Or l'un de ces arguments est rapporté par Ibn Ḥazm lui-même dans son traité. « Si un ignorant demande: est-ce que l'un des premiers musulmans vertueux a parlé de [la logique] ?»[67] Autrement dit si, de l'avis de tous les théologiens et de tous les croyants, les premiers musulmans avaient la foi, et même la «vraie» foi sans prendre connaissance des sciences aussi bien linguistique que logique, c'est la preuve que ces sciences n'ont aucune utilité pour la religion et pour la foi comme

---

[63] Ibid., p. 94.
[64] Ibid., p. 98.
[65] Texte d'Ibn Ḥazm rapporté par Ihsan Abbas, *Rasa'il Ibn Ḥazm al-andalusī* (*Les traités d'Ibn Ḥazm l'andalou*), l'introduction, p. 34.
[66] Ibid., p. 98.
[67] Ibid., p. 94.

telles. La question suppose donc une façon d'évaluer la foi. Celle-ci se trouve au-dessus de tous savoirs. Elle se suffit à elle-même. Elle n'a besoin d'aucune science de quelque nature que ce soit. Bref, verticale et opaque, la foi demeure hostile à tout enracinement dans l'horizontalité, c'est-à-dire aux sciences que fonde l'homme.

Pour répondre à cette objection venant des orthodoxes aussi bien de l'Orient que de l'Occident musulman, Ibn Ḥazm rappelle que la science de la logique naît naturellement de l'intelligence qui distingue l'homme des animaux pour autant que l'homme effectue sa propre nature. « Cette science [la logique], dit-il, est installée dans l'âme de tous ceux qui sont doués de raison, car l'esprit intelligent, grâce à ce que Dieu -exalté soit-Il ! - a mis en lui comme fécondité de la compréhension, atteint les bienfaits de cette science ».[68] Pratiquer la logique, n'est plus une hérésie, mais une simple effectuation de soi et une pure réalisation de la nature de l'homme même. Bien au contraire, c'est celui qui ne la pratique pas, pour Ibn Ḥazm, qui se défait de sa nature humaine et rejoint les bêtes : « l'ignorant, dit Ibn Ḥazm, erre comme l'aveugle ».[69]

Par ailleurs, Ibn Ḥazm fait remarquer que le statut de la logique n'est pas différent de celui des autres sciences. S'il est vrai que les premiers musulmans ne connaissaient pas la logique, il ne faut pas oublier, dit-il, qu'« aucun des premiers musulmans vertueux n'a parlé des questions de la grammaire ».[70] Il en est de même pour toutes les sciences tant positives que religieuses, comme la rhétorique ou la jurisprudence. Si ces sciences ont pris naissance au sein de la culture arabe, c'est qu'il y a eu une nécessité civilisationelle. Et Ibn Ḥazm de rappeler les conditions qui ont été à l'origine de la naissance de la grammaire arabe. « Lorsque l'ignorance s'est répandue, dit-il, à cause de la différenciation des voyelles qui distinguent les sens dans la langue arabe, les savants ont écrit des livres de grammaire, ce qui a résolu un grand problème ; en plus, cela a été d'une grande utilité pour comprendre les paroles de Dieu, qu'Il soit glorifié !, et les paroles du Prophète, que la prière soit sur Lui. »[71] Par ce geste, les savants grammairiens ont rendu un grand service à la religion, car, dit-il, « celui qui ignore cela, c'est-à-dire la grammaire, comprendra mal la parole de Dieu - exalté soit Il ! Ainsi par ce geste, les savants ont bien agi et méritent bien une récompense. Il en est ainsi de tous les livres des savants, comme les livres de la langue, et les livres de la jurisprudence. »[72]

Mais l'objection garde quand même sa force, car si le besoin de ces sciences se révèle nécessaire durant les temps postérieurs comme l'explique Ibn Ḥazm lui-même, comment expliquer que les musulmans des premiers temps étaient animés d'une foi sincère sans posséder ni la grammaire ni la logique ? N'est-il pas vrai que

---

[68] Ibid., p. 94.
[69] Ibid., p. 94.
[70] Ibid., p. 94.
[71] Ibid., pp. 94-95.
[72] Ibid., p. 95.

cela témoigne encore de l'inutilité de la logique et des sciences de la langue ? N'est-il pas vrai que la foi en tant que telle n'a besoin de rien pour être et se suffit à elle-même ? A cette objection, notre théologien répond ceci. « Les premiers musulmans vertueux n'avaient pas besoin de tout cela — c'est-à-dire de la logique et des autres sciences — grâce à la vertu par laquelle Dieu les a distingués et grâce au témoignage de la prophétie.»[73] C'est uniquement grâce à cette conjoncture historique exceptionnelle et unique que la foi était dans une telle situation, c'est-à-dire dans une indépendance parfaite. Mais ce n'est pas le cas des temps postérieurs. « Ceux qui sont venus après, dit-il, — c'est-à-dire après les premiers temps de la révélation — n'avaient rien de tout cela, ils n'avaient de moyen pour connaître que les sens, et n'avaient de savoir que celui de ceux qui n'ont pas eu la chance d'étudier ces sciences et n'ont pas lu ces livres. En fait, ils sont proches des bêtes.»[74] Ainsi le besoin de la logique est un besoin nécessaire à la religion. Et personne ne peut prétendre avoir la foi s'il n'a pas une connaissance des sciences de la logique. « Il en est ainsi, dit-il, pour cette science [la logique]. Celui qui l'ignore sera hermétique à la construction de la parole de Dieu, le Tout puissant, et celle de son Prophète, que la prière soit sur Lui. Aussi sera-t-il dans le trouble de sorte qu'il ne sera plus capable de le distinguer de la vérité et il ne connaîtra sa religion que par imitation, or l'imitation est condamnée, ou plutôt il sera dans l'incertitude, que Dieu nous en préserve.»[75] Nous voyons donc que la science de la logique n'est pas un besoin artificiel et purement instrumental, comme le dira plus tard al-Ghazzāli. Il ne s'agit pas d'une science extérieure à la foi et à la religion. Elle fonde la foi même et la religion même. La foi reste abstraite, sans âme et menacée de contresens si elle ne s'associe pas à la logique et aux sciences de la langue. Inversement pratiquer les sciences de la logique est une réalisation de la nature humaine en tant que telle. Du coup, le débat sur l'origine de la logique ne se pose plus. Qu'elle soit ou non d'origine grecque importe peu à notre théologien. La nature humaine elle-même implique les conditions de sa naissance. De plus, la nécessité religieuse l'exige pour le salut de la religion elle-même.

VI

En répondant aux attaques des orthodoxes et en ruinant leurs arguments, Ibn Ḥazm montre l'unité des sciences religieuses et des sciences philosophiques. Mais signalons par ailleurs que selon Ibn Ḥazm les ennemis de l'unité et de la complémentarité des sciences ne se limitent pas aux théologiens orthodoxes. Bien des savants dans les sciences de la grammaire et de la rhétorique, et aussi dans les sciences dites rationnelles, ont considéré leurs sciences comme au-dessus de toutes les autres.

---

[73] Ibid., p. 95.
[74] Ibid., p. 95.
[75] Ibid., p. 95.

«Nous avons, dit-il, trouvé des gens qui ont appris les sciences des Arabes, comme la grammaire, la langue, la poésie et la métrique, ensuite ils ont méprisé toutes les autres sciences. Ces gens-là, dit encore Ibn Ḥazm, sont comme celui qui n'a comme nourriture que du sel et n'a comme arme que le polissoir qui sert à polir les armes. De tels gens ont perdu la science de la religion qui est l'unique finalité de notre existence et notre unique salut quand nous quittons cette vie. Comme ils seront loin des sciences des vérités !»[76] Signalons que de telles attitudes étaient courantes dans la culture arabe. Mais, selon Ibn Ḥazm, cette hostilité à l'unité des sciences concerne aussi ceux qui pratiquent les sciences des anciens, c'est-à-dire les sciences grecques. Certains qui ont maîtrisé « des sciences des anciens, dit-il, ou une science parmi elles, ont tourné en ridicule les autres sciences. Ainsi nous trouvons que quelques individus qui maîtrisent la médecine prétendent qu'il n'y a de science que la médecine.»[77] Il est certain que celui qui pratique la science médicale, qui concerne la conservation de la santé et la lutte contre la mort et la maladie, pourrait donner l'impression de maîtriser une puissance et un pouvoir sur la vie et sur la mort. Ce pouvoir pourrait inciter celui qui le détient à sous-estimer les autres sciences, voire à en nier l'importance. Pour ruiner de telles prétentions, Ibn Ḥazm rappelle que cette science ne peut prétendre à l'universalité. Il est certain qu'elle soigne des maladies, mais qui pourrait nier, selon Ibn Ḥazm « qu'il y ait des gens qui ne se soignent pas et ne maîtrisent pas la médecine ? Et pourtant ils ont des corps plus forts et une longévité plus longue que ceux qui se soignent par la médecine».[78] Et Ibn Ḥazm de citer un exemple, qui sera repris plus tard par Ibn Khaldūn, celui des bédouins de la foule et des pays qui ne pratiquent pas la médecine. « Qui pourrait nier cela, dit-il, car ce fait est une intuition et une donnée de l'expérience».[79] Après de tels arguments contre la prétention de la supériorité de la médecine, Ibn Ḥazm passe à l'attaque et retourne l'objection. « S'il en est ainsi, quelle est l'utilité de la médecine ?»[80] En fait, à y voir de plus près, « la finalité des médecins se limite, selon Ibn Ḥazm, à garantir la santé des corps et à repousser les maladies qui pourraient entraîner la mort. Or cette finalité, les médecins ne la réalisent qu'en petite partie et encore moins que d'autres.»[81] Ibn Ḥazm ne cite pas ces savants qui réussissent mieux que les médecins. Mais on pourrait penser entre autres à l'art culinaire, par exemple.

Mais si l'attitude d'Ibn Ḥazm est très critique vis-à-vis de ces positions, il ne faut pas croire qu'il méprise ces sciences. « On n'a pas tenu ces propos critiques, dit-il, pour dévaloriser ces sciences, que Dieu nous en préserve ... Mais notre but

---

[76] Ibn Ḥazm, *Risāla marātib al-ʿulūm* (*Traité de la classification des sciences*), pp. 87-88.
[77] Ibid., p. 88.
[78] Ibid., p. 88.
[79] Ibid., p. 88.
[80] Ibid., p. 88.
[81] Ibid., p. 88.

est de déprécier celui qui par la maîtrise d'une science en condamne toutes les autres.»[82]

Par ailleurs, le but d'Ibn Ḥazm n'est pas d'exiger de chacun la maîtrise de toutes les sciences, une telle prétention serait impossible. « Celui qui n'arrive à maîtriser qu'une seule science tout en reconnaissant les vertus de toutes les autres sciences…, celui-ci serait bon et louable.»[83] Mais si quelqu'un peut maîtriser de chaque science la partie dont il a besoin et s'il utilise comme il faut ce qu'il maîtrise comme savoir et science, personne ne sera meilleur que lui, car il aurait atteint la force et la richesse de l'âme dans ce monde comme il aurait gagné l'au-delà.»[84]

Ibn Ḥazm n'adresse pas ses recommandations uniquement aux individus, mais également à tous les hommes. Il faut qu'ils s'entraident pour l'acquisition des sciences. « Il faut qu'ils soient comme ceux qui se réunissent pour construire une maison. Dans cette entreprise, on a besoin d'un maçon et des ouvriers qui lui apportent les pierres et de la terre, comme on a besoin des constructeurs de touilles, des charpentiers, des fabricants de portes et de clous. On a besoin de tout cela pour construire une bâtisse. Il en est ainsi pour ce qui concerne ce dont les hommes ont besoin, comme le labour de la terre qui ne peut aboutir que par la coopération.»[85] Or s'il en est ainsi pour les autres domaines qui servent dans ce monde, il est donc impératif, nous dit Ibn Ḥazm, que les savants coopèrent entre eux dans l'usage des sciences qui sont indispensables et utiles dans cette vie comme dans la vie éternelle.

VII

Telle est donc la position d'Ibn Ḥazm pour traiter la question de l'unité et la complémentarité des sciences. Il est certain qu'il établit une hiérarchie entre les sciences, la science religieuse étant supérieure à toutes les autres sciences en raison de son but, qui vise la vie éternelle. Mais cette hiérarchie ne signifie nullement pour Ibn Ḥazm indépendance et autonomie. Même supérieure, cette science religieuse a besoin des autres sciences. Une unité soude toutes les sciences, qu'elles soient religieuses, positives ou rationnelles. Cette position, originale dans la tradition théologique, tracera une voie médiane entre les extrémistes des deux camps, ceux des sciences religieuses et ceux des sciences rationnelles. Elle se veut conciliatrice entre religion et philosophie, entre croyance et savoir, et inaugure, dans la pensée arabe, une tradition qui ne sera que riche et fructueuse.

---

[82] Ibid., p. 89.
[83] Ibid., p. 89.
[84] Ibid., p. 89.
[85] Ibid., p. 83.

Bibliographie

Al-Fārābī, 1931, *Iḥṣā' al-'ulūm* (*Livre du recensement des sciences*), éd. Osman Amine, Le Caire.

Ibn Ḥazm, 1983, *Risāla marātib al-'ulūm* (*Traité de la classification des sciences*), éd. Ihsan Abbas, Beyrouth.

Ibn Ḥazm, 1983, *Al-Taqrīb liḥaddi al-Manṭiq*, éd. Ihsan Abbas, Beyrouth, 1983

Ibn Sīnā: 1909, Kitāb an-Najāt, Trad. de L. Gauthier in: *La théorie d'Ibn Rochd (Averroès)*, Paris, Leroux.

Ihsan Abbas, 1980, *Rasā'il Ibn Ḥazm al-andalusī* (*Les traités d'Ibn Ḥazm l'andalou*), 2 vol., Beyrouth.

Models of Causality in Islamic philosophy[1]

Catarina Belo
The American University in Cairo

Abstract. By analysing the question of physical and metaphysical causality, this article aims at providing some general reflections on the way in which the Islamic tradition, in particular Islamic philosophy, while appropriating and developing the Greek and Hellenistic scientific heritage, pointed to new paths in the history of science. It concludes that in the medieval Islamic period one finds at least three models of causality, an Islamic or theological one, which stresses God's omnipotence to the detriment of secondary causes. Islamic atomism, or the view that there was no sequence or succession between events or substances/atoms, had been proposed by various Muslim theologians (*mutakallimūn*) and became especially famous owing to the writings of al-Ghazzālī, who employs it against the philosophers' defence of secondary causality. Another model, put forth by Averroes, which is inspired by the Ancient Greek and Hellenistic tradition, highlights final causality and harks back to Aristotle. Finally Avicenna's model, also deriving from Ancient philosophy, emphasises the efficient cause and prefigures modern views on causality.

Keywords: Avicenna, Averroes, al-Ghazzālī, efficient and final Causality, Atomism, *Kalām*.

The goal of this article is to provide some general reflections on the way in which the Islamic tradition, in particular Islamic philosophy, while appropriating and developing the Greek and Hellenistic scientific heritage, pointed to new paths in the history of science. By philosophy I mean here the broad discipline which in the medieval period embraced primarily logic, physics and metaphysics. Causality in Islamic philosophy is too a broad topic to cover in one single study, article or book, so my purpose is to highlight certain aspects of continuity and progress by focusing on two Muslim philosophers.

Another point which I would like to stress is that the scientific topic discussed here – causality – straddles various fields of philosophy, in particular

---

[1] This paper was presented at the International Colloquium 'The Unity of Science in the Arabic Tradition – Science, Logic, Epistemology and their Interactions', at University of Lisbon, Portugal, 29-30 October 2009. I am grateful for the comments of the participants in this colloquium.

physics and metaphysics. We know that causality features prominently in Aristotle's *Physics* but also in his *Metaphysics*. Metaphysics treats being qua being (the branch known as ontology) and theology, which deals with God as the supreme being (theology). Therefore metaphysics is concerned with being in general, while physics is concerned with physical nature, and natural processes.

The emphasis of this paper will be physics, particularly books one and two of Aristotle's work. Physics is for Aristotle properly speaking natural science. For him this branch of philosophy aims at explaining natural processes. To that end, one must understand causality, because causes are that which produces change, including, for instance, growth and decay. So it should be said that a cause is that which produces an effect. Before proceeding to the details of Aristotle's understanding of natural causality it is appropriate to trace broadly some of the history of the response to Aristotle's conception of causality.

The continuity of the Aristotelian tradition, which comprises both Aristotle's texts and the commentaries written on them, including such commentators, as, for instance Alexander of Aphrodisias and Themistius, soon becomes apparent. There is an unbroken tradition of research and commentary on Aristotle in the Hellenistic period and throughout the Middle Ages. The approach to causality presents common core features because it preserves an important aspect, which is secondary causality, in other words, natural causality. Natural causes are considered secondary in relation to the primary agency of the first agent, which is the Prime Mover in Aristotle, but they are nonetheless true causes.

In late antiquity and the early medieval period we find a heightened interest in the issue of God – for example in Neoplatonism - so the question of God's causality cannot be excluded from causality in general, and the articulation between primary and secondary causality becomes pivotal in Islamic philosophy and theology. Debates on agency came to be seen in connection with God's nature and power. A prevalence of debates over God's agency is at work already in Alexander of Aphrodisias, for instance in his acceptance of the notion of providence, God's care for particulars in this world. In his work *On Providence*, which survives in Arabic, he sought to strike a golden mean between the Stoic position, to the effect that God determines everything that occurs in this world, and the Epicurean position, to the effect that the gods are not concerned with particulars, which include human beings. His treatise was translated into Arabic and resonated in the context of Arabic culture and science which worked predominantly from an Islamic framework.

This question of God's providence, which had not been developed by Aristotle, was integrated into mainstream Islamic philosophy and went hand in hand with the distinction between primary and secondary causality.

This distinction means that there is a hierarchy of causes that goes back to God. In other words, natural agency depends on God, a theme that was advanced also by Muslim philosophers. Secondary causality was controlled by, and depended on, God's power. In spite of this stress on God's omnipotence, the notion that creatures possessed any sort of agency, encountered resistance from theological circles in medieval Islam, who considered that it detracted from God's omnipotence and departed from the letter of the Qur'an which stated explicitly that God created all things, including, in the understanding of some, human acts, as well as any other type of agency.

For instance, the founder of the Ash'arite school of theology, al-Ash'arī (d. 935) did not believe that God delegated power, but created everything directly. In this way, humans and animate beings were deprived of power, since every action, as stated in the Qur'an, was created by God (37:96). If human beings were not the authors of their actions, neither did animals or inanimate beings have any kind of power. This was tied up with the famous position known in Islamic theology as atomism, which excluded, as we have seen, secondary causality. It was so called – atomism - because natural phenomena were not considered to occur in sequence, or to depend on one another, but all derived directly and immediately from God. Obviously, it made no place for any laws of nature, and forestalled any kind of reliable natural science. There was a specific goal in the rejection of any causation other than God's: to allow for the occurrence of miracles and safeguard God's omnipotence. A major exponent of this brand atomism is Ash'arite theologian al-Ghazzālī, who died in 1111. He accepted some disciplines of Greek foundation, such as logic or mathematics which did not seemed to clash with the literal sense of the Qur'ān, and could be used profitably in an Islamic context, but drew a line when it came to the acceptance of such Aristotelian sciences as physics and metaphysics. Certain of their tenets seemed to detract from divine omnipotence, such as secondary causality, and Aristotle's defence of an eternal world, perpetually set in motion by the Prime Mover. According to al-Ghazzālī, this flies in the face of the Qur'ān's assertions to the effect that God created the world in time. In denying secondary causality, at least in some of his works such as the *Incoherence of the Philosophers*, he effectively denies any possible theory of laws of nature.

The absence of laws of nature and natural agency served the purpose of highlighting God's possible intervention in nature in any conceivable way or moment, in order to preserve His transcendence, given that God's designs were seen as unfathomable. On the other hand it prevented any sustained study of nature, natural processes and their predictability. This is not the path followed by most philosophers trained in the Aristotelian, and Neoplatonic tradition. Instead they accept the notion of natural causality, although wish some variations, as we shall see.

Averroes' a Muslim philosopher who lived in 12th century, and the leading voice in the revival of the Aristotelian sciences in the medieval Islamic period, defended secondary causality from an Islamic perspective, stating that the absence of secondary causes would imply a universe without a plan and would detract from

God's wisdom and design for the world. This refutation of al-Ghazzālī's position is to be found in the seventeenth discussion of his well known work entitled *Tahāfut al-Tahāfut*, the *Incoherence of the Incoherence*, a point for point response to al-Ghazzālī's *The Incoherence of the Philosophers*, directed at the philosophers in the Graeco-Hellenistic tradition, the *falāsifa*. Causality is one of the main points of contention between philosophers and theologians. And although these philosophers were Muslims writing within an Islamic religious and cultural setting, they maintained their support for secondary causality and a certain constancy within nature, as part of a legacy handed down from the Greek through the medieval period, but which, as we will see would be differently explored by the various philosophers.

As we know, Aristotle distinguishes four causes (*Metaphysics*, 1012b-1013a). These are the formal, the material, the final and the efficient cause. The latter, is what we today associate with cause proper, in the sense that for instance, a carpenter produces a table; he is the cause of the table, more specifically the agent cause of the table. Its material cause is, for instance, wood. The final cause or purpose of the table is writing, if it is a desk, and its formal cause is the actual shape or the definition of the table. In other words, the efficient cause is that which produces something. It accounts for change and movement. The material cause is that out of which something is made, such as wood in relation to the table. The final cause consists in the purpose, or that for the sake of which something is made. The formal cause is the defining characteristic, which constitutes something as it actually is.

This fourfold division is best understood in the light of the twofold meaning of cause (*aitia*) in Greek, for it signifies not just 'cause' but also explanation. So in explaining a natural process, one should not simply indicate the efficient cause, but other characteristics that contribute to elucidating the coming into existence of any given substance, such as the material it is made of, its shape and its purpose as well as its agent. When it comes to the connection between active and passive powers, the material cause represents the passive element, while the formal cause is the actual element. Thus a piece of wood only becomes an actual table when the shape of table is imposed on it, whereas before it was only potentially a table. These aspects of the Aristotelian theory of causality are common heritage among Muslim philosophers, as well as other main aspects of Aristotle's philosophical language.

We will consider two philosophers, Avicenna (Ibn Sina in Arabic, d. 1037) who lived in the Eastern part of Islamic empire) and Averroes, already mentioned (Ibn Rushd in Arabic, d. 1198), who lived mostly in the Iberian Peninsula but also in present-day Morocco. Their different approaches to causality would have repercussions in the history of philosophy and science.

Averroes and Avicenna, informed also by the Aristotelian commentators, accept the main Aristotelian causes, as just described. On the whole, things do not happen in nature without a cause. When it comes to physics and nature, everything has a cause, and there is no mention of miracles, especially in their works directly commenting on Aristotle's *Physics*, such as Avicenna's *The Healing* (*al-Shifa'*), and *The Salvation* (*al-Najat*), or Averroes' three commentaries on the *Physics*. God does control natural processes, but indirectly, by creating and directly ruling over the supralunary realm, which is situated above the moon.

It is significant to recall that physics is concerned specifically with the world of sublunary matter and phenomena. A separate work by Aristotle is devoted to the celestial world, entitled *On the Heavens*. A striking hallmark of the Aristotelian worldview is a strict distinction between the world below the moon, the world of generation and corruption, and the world above the moon, containing the celestial spheres and its proper matter (*ether*), which has its own set of laws, unchanging and constant, unlike those of the world of generation and corruption. While in the celestial world all events are regular and constant, the same cannot be said of the world of generation and corruption. This conclusion was a result of empirical observation, in particular the observation of the regularity of the paths of the celestial spheres, such that it was possible to predict an eclipse, compared with the notorious difficulty in predicting the future when it came to any natural process in the sublunary world. The pseudo-science of astrology, aiming at predicting future events in the natural world was explicitly condemned by Avicenna in a treatise specially devoted to the subject.[2] In spite of the different laws that apply in the two different realms, everything has in principle a cause, not just in the heavens but also in the natural world.

As mentioned before, both Avicenna and Averroes reject the notion that spontaneous events occur in nature. In addition, Avicenna and Averroes both agree that the formal cause is the active element of the compound, while the material cause is the passive element in any given material substance. They both think of prime matter, that is matter completely devoid of any form, as an abstract, purely theoretical, concept, precisely because it is that form that, as active, lends existence to the substance. So prime mater is a purely abstract construct. However, when it comes to the efficient cause and the final cause, their views are more nuanced.

One debate which highlights a different understanding of causality, is the subject of chance events, which I have treated elsewhere.[3] Towards the end of Book Two of the *Physics*, having analysed the four causes already mentioned, Aristotle questions the place of chance or luck among the four causes. As is his wont, he discusses the positions of his predecessors, as well as common opinion to the effect that chance is reckoned among the causes in different ways. Some philosophers claim that chance guides phenomena in the heavenly realm. Aristotle objects that this runs counter to empirical observation, for we see chance events, which seem not to have a cause, occurring in the world of generation and corruption, while we observe the regularity of the heavens, which he attributes to

---

[2] Avicenne, *Réfutation de l'astrologie*, (ed. Y. Michot), Beirut, Albouraq, 2006.
[3] Belo, Catarina, *Chance and Determinism in Avicenna and Averroes*, Leiden, Brill, 2007.

the circular motions of the celestial spheres. Others say that the parts of animals came to be by chance. Others still believe that nothing happens by chance because everything has a determinate cause, so chance is not to be reckoned among the natural causes. Another group believes that chance is a mysterious cause that controls nature and should be therefore worshipped like a deity.[4] The subject merits an independent study, but it is the response by Avicenna and Averroes that reveal underlying differences in their understanding of natural causality.

Aristotle defines chance as an accidental cause which does not happen always or for the most part, but which happens in rare instances. For the most part, the four essential causes account for a natural phenomenon, and Aristotle has in mind here in particular the efficient and the final cause. There is a debate regarding the connection between chance and the final and the efficient cause in Aristotle's account.[5] Some scholars hold that Aristotle associates chance with the efficient cause. In other words, chance events stem from the efficient cause. An example illustrating this position is for instance, if a builder, who is also a musician, produces a house. The musician in this case accidentally produces the house, because he happens to be the same person as the builder. Therefore the chance/accidental element lies in the efficient cause. On the other hand, another example provided by Aristotle seems to point to a closer link between the purpose and chance. I quote: 'a man is engaged in collecting subscriptions for a feast: he would have gone to such and such a place for the purpose of getting the money, if he had known. He actually went there for another purpose, and it was only accidentally that he got his money by going there.'[6] In this case, the outcome or end is the collection of money, which was unexpected, and hence accidental to the original purpose of the action.

Avicenna links chance with the final cause. Such an event is merely unexpected. We only call a chance event one which was unexpected and has a different outcome from the original goal, that is, when the intention of the subject was different or other than the result of a given action. This does not mean that chance is an actual cause, because every event, even an accidental one, has a definite efficient cause.[7] We will see later how Avicenna's emphasis on the efficient cause rather than the final cause is tied up not just with his cosmology but also his metaphysics. During this period, as stressed, metaphysics and physics went hand in hand and complemented each other.

---

[4] Aristotle, *Physics*, 195b30-196b6.
[5] Judson, L., 'Chance and "Always or for the Most Part" in Aristotle, in *Aristotle's Physics: A Collection of Essays*, ed. L. Judson, p. 80, n. 17.
[6] Aristotle, *Physics*, 196b33-197a2, in *The Complete Works of Aristotle*, edited by Jonathan Barnes, vol. 1, p. 336.
[7] Avicenna, *al-Sama' al-Tabi'i*, ed. Al Yasin, p. 120, translated in Belo, C., *Chance and Determinism in Avicenna and Averroes*, p. 31.

Averroes, in turn, links chance with the efficient cause, stating that chance is an accidental efficient cause. It also occurs in actions that have a purpose. When the goal fails and another outcome comes about, the action is said to be by chance. If actions produce natural effects that depart from their norm, they result accidentally from their efficient causes. Since in the celestial realm events happen regularly there are never chance events in the celestial realm.[8]

What other differences on causality do we learn from their stance on chance? In tandem with other positions, in particular metaphysical, we notice that Avicenna privileges the efficient cause to the detriment of the final cause. Like Averroes and Aristotle, he claims that natural processes are for an end, but in his worldview every event, both in the celestial and the earthly realm, has an efficient cause. All refer back to God, the only true transcendent being, and the only necessary being in itself. According to his *Metaphysics of the Healing*, all other beings are possible in themselves, necessary through another. This means that in the universe everything has an efficient determinate cause, which leads to a deterministic conception of the world, both heavenly and earthly. This approach to natural causality in particular the focus on efficient causality can be seen to prefigure modern discussions noticeably a mechanistic conception of natural laws, as opposed to an Aristotelian universe that is teleologically directed to the final cause. While it is true that in theory Avicenna subscribed to the principle that the final cause is the efficient cause of the efficient cause, that is to say that the final cause yields the agent cause by being the goal of the agent, natural or human, his natural philosophy privileges the efficient cause. This preference has undoubtedly something to do with his acceptance of the Neoplatonic theory of emanation to account for the creation of the world. According to the Muslim Neoplatonists – this is something shared also by, for example, Alfarabi – the world came to be through a series of emanations from the One, who is primarily intellect. The first emanations are a series of intellects, nine to be precise, with their respective spheres, with the exception of the last emanation, the active intellect, which does not possess a sphere of its own. Each intellect is the efficient cause of the following one, and each intellect is the efficient cause of its sphere. In turn movements of the spheres in the celestial world produce, all existents in the terrestrial world. Although according to Avicenna the first intellect, which is God, is also the final cause of all beings in the universe, the emphasis when it comes to accounting for the change and succession of natural phenomena lies in the agent cause. This is a departure from Aristotle that can be observed in other remarks on nature, as we shall see. It is arguably this combination of a strict determinism in nature, celestial and terrestrial, and the Neoplatonic emphasis on agent causes, which produces a new model in natural science.

---

[8] Averroes, *Long Commentary on the Physics*, 65D-E, translated in Belo, C, *Chance and Determinism in Avicenna and Averroes*, p. 145.

In Averroes, the linkage of chance with the efficient, rather than the final cause, goes hand in hand with his emphasis on the latter. In other words, the purpose in nature is so important that it should not be associated, indeed 'tainted' with a connection with an accidental cause such as chance. He argues for the subordination of the efficient to the final cause. In the celestial world, all causality is final, whereas the sublunary world displays both final and efficient causes. Averroes' most famous criticism of Avicenna also consists with positions on the relative merits of these two causes. In rejecting the emanation system that was the hallmark of Islamic Neoplatonism, as it had been adapted from Plotinus' scheme known through the *Theology of* (the Pseudo-) *Aristotle*, he stresses that the Prime Mover, or God, sets in motion, or creates, by virtue of acting as purpose or goal for celestial and sublunary beings. He argues that in the celestial world things do not come from one another, with the underlying assumption that celestial causes are final, instead of the efficient causality presupposed by the Neoplatonic model.[9] Aristotle had already argued for the hegemony of teleology in nature and the heavens. In his discussion three of the four causes, formal, efficient, and final, are lumped together under the aegis of the final cause, which is the mover of the other two. The form is also the purpose in the mind or intention of the agent, hence the interrelatedness between all three, while matter stands apart and cannot be reduced to any of the remaining three. Thus even in nature, the prevalence of the goal or purpose is observable, and this is such a noble cause as to entirely dominate the celestial world.

In a tendency that would be overturned later, in the modern period, we find an emphasis on final causality in Averroes. Both he and Avicenna believe that the goal or the purpose guides and even determines the outcome of natural phenomena. Such end could be the purpose of a specific agent, human or natural, or God's goal. Later, and from the modern period, Aristotelian teleology in nature would famously be discarded in favour of a preference for the efficient causality. Events or substances come to be not because of their function or purpose, especially as physical nature is not transformed according to each substance's autonomous ends, but only on account of the agents of natural change.

In this way we see Averroes, especially in his long commentaries which were written in the later period of his life, seeking a return to Aristotle, noticeably in his *Physics* but also in other philosophical subjects, while Avicenna presents us with a model of natural change which arguably seems to herald the modern era due to its emphasis on the undeviating laws of nature and natural agency. As an example of this divergence, while Averroes insists on the strict divide between celestial and earthly realms, Avicenna, in some passages seems to find sublunary phenomena as predictable as celestial phenomena.[10]

---

[9] Davidson, *Alfarabi, Avicenna, and Averroes, on Intellect*, p. 256.
[10] For instance, he states that a fever can as easily be predicted as an eclipse. See Belo, *Chance and Determinism in Avicenna and Averroes*, p. 88.

Conclusion

In the medieval Islamic period, we find at least three models of causality, an Islamic or theological one, which stresses God's omnipotence to the detriment of secondary causes. Islamic atomism, or the view that there was no sequence or succession between events or substances/atoms, had been proposed by various Muslim theologians (*mutakallimun*) and became especially famous owing to the writings of al-Ghazzālī, who employs it against the philosophers' defence of secondary causality.

Another model, put forth by Averroes, which is inspired by the Ancient Greek and Hellenistic tradition, highlights final causality and harks back to Aristotle. Finally Avicenna's model, also deriving from ancient philosophy, emphasises the efficient cause and prefigures modern views on causality.

References

Alessandro di Afrodisia: 1998, *La Provvidenza: Questioni sulla Provvidenza*, ed. Silvia Fazzo, translation from the Greek by Silvia Fazzo, translation from the Arabic by Mauro Zonta, Milan.

Alfarabi: 1985, *Al-Farabi on the Perfect State: Abū Naṣr al-Fārābī's Mabādi' ārā' ahl al-madīna al-fāḍila* : a revised text with introduction, translation and commentary by Richard Walzer, Clarendon Press, Oxford.

Aristotle: 1949, *Categories, De interpretatione*, ed. L. Minio Paluello, Clarendon Press, Oxford.

Aristotle: 1957, *Metaphysica*, edited by W. Jaeger, Clarendon Press, Oxford.

Aristotle: 1998, *Physics*, ed. W. D. Ross, Oxford.

Averroes: 1562, *Long Commentary on the Physics*, in *Aristotelis De Physico Auditu libri octo cum Averrois Cordubensis variis in eosdem comentariis*, vol. 4 of Aristotelis Opera quae extant omnia, Venetiis apud Junctas.

Averroes: 1930, *Tahāfut at-Tahāfut*, ed. M. Bouyges, S.J., Beyrouth.

Averroes: 1954, *Tahāfut al-tahāfut. (The Incoherence of the Incoherence)*. Translated from the Arabic with introduction and notes by Simon van den Bergh, 2 vols., London.

Avicenna: 1985, *Al-Najāt*, ed. Mājid Fakhrī, Beirut.

Averroes: 2006, *Réfutation de l'astrologie*, edition, translation, introduction, notes and glossary by Y. Michot, Albouraq, Beirut.

Averroes: 1996, *al-Samā' al-Tabī'ī*, (of *Al-Shifā'*), edited by Ja'far Āl Yāsīn, Beirut.

Averroes: 2005, *The Metaphysics of The Healing*, a parallel English-Arabic text translated, introduced, and annotated by Michael E. Marmura, Brigham Young University Press, Provo, Utah.

Barnes, J. (ed.): 1991, *The Complete Works of Aristotle*, The Revised Oxford Translation, Bollingen Series LXXI, 2, Princeton: University Press, 6th Printing with Corrections.

Davidson, H. A.: 1992, *Alfarabi, Avicenna, and Averroes on Intellect. Their cosmologies, Theories of the Active Intellect, and Theories of Human Intellect*, Oxford.

Gimaret, D.: 1980, *Théories de l'acte humain en théologie musulmane*, Paris.

Gimaret, D.: 1990, *La doctrine d'al-Ash'arī*, Paris.

Judson, L.: 1991, "Chance and "Always or for the Most Part" in Aristotle, in *Aristotle's Physics: A Collection of Essays*, ed. L. Judson, Clarendon Press, Oxford.

Kogan, B. S.: 1981, "Averroës on Emanation", in *Mediaeval Studies*, **43**, pp. 384-484.

Kogan, B. S.: 1985, *Averroes and the Metaphysics of Causation*, State University of New York Press, Albany.

Marmura, M.: 1984, 'The Metaphysics of Efficient Causality in Avicenna (Ibn Sīnā), in *Islamic Theology and Philosophy: studies in honor of George F. Hourani*, ed. M. Marmura, SUNY, Albany.

Les *Catégories*, al-Fārābī, Averroès

Ali Benmakhlouf
Université de Nice

Résumé. Cet article vise à montrer comment deux aristotéliciens en l'occurrence, Averroès (1126-1198) et al-Fārābī (870-950), ont lu les *Catégories* d'Aristote. Contrairement au premier, ce dernier complète sa lecture en s'inspirant de *l'Isagogè* de Porphyre, ce qui explique pourquoi il suit moins le Stagirite. On insistera davantage sur les divergences d'interprétation entre les deux penseurs et la distance qu'ils prennent par rapport à l'auteur des *Catégories* au sujet des concepts importants de la logique aristotélicienne tels que l'accident universel, la substance universelle et les singuliers.

Mots-clés : accident universel, essence, prédication naturelle, se dit d'un sujet, se dit dans un sujet, substances universelles, substances singulières.

Introduction

Le début des deux commentaires moyens sur les *Catégories* d'al-Fārābī et d'Averroès indique une différence de méthode dans l'approche du texte d'Aristote. Al-Fārābī commence directement son commentaire par une classification des universaux, alors qu'Averroès commence par le rappel du skopos des commentaires sur l'organon : il s'agit pour lui de « condenser et recueillir les notions que comportent les traités d'Aristote sur l'art de la logique », et dit commencer par le traité des Catégories, traité qu'il subdivise en trois parties :

1) Aristote commence, dit-il, par un prologue relatif aux « principes et définitions ». Cela renvoie aux homonymes, synonymes, paronymes d'une part, mais aussi à la distinction entre « être dit d'un sujet » et « être dans un sujet », ainsi qu'à l'indication selon laquelle les dix catégories sont désignées par des mots isolés ;

2) La description, une par une, des dix catégories ;

3) Les « corrélats généraux » et « les accidents associés » aux catégories, c'est-à-dire l'analyse des choses ou opposées ou impliquées ou simultanées, ou antérieures ou postérieures.

Al-Fārābī, deux siècles auparavant, avait fait tout autrement. Les distinctions entre synonymes, paronymes, homonymes, ne figurent pas dans son commentaire. En revanche domine une synthèse sémantique où la différence entre deux types d'universaux préside à la distinction entre la substance et l'accident. C'est à partir de l'universel que se fait la distinction entre la substance et l'accident. Il n'y a pas d'attaque des Catégories par la substance, mais par l'universel : l'universel est de deux sortes nous dit-il et le singulier est de deux sortes :

> « Il y a parmi les choses celles qui sont d'un sujet sans être dans aucun sujet absolument—et c'est la substance universelle ; celles qui sont d'un sujet et dans un sujet donné—et c'est l'accident universel ; celles qui sont dans un sujet sans être d'aucun sujet absolument—et c'est l'accident singulier ; et celles qui ne sont ni dans un sujet, ni d'aucun sujet absolument—et c'est la substance singulière ». (§4)

I L'accident universel

Au sujet de l'accident universel, al-Fārābī et Averroès divergent. Averroès veut privilégier la particule « dans » pour comprendre la valeur prédicative de l'accident universel. Al-Fārābī veut montrer qu'avec l'accident universel, on peut avoir une conception qui élargit le sens de l'accident pour en faire un élément de la connaissance de l'essence d'un sujet. La divergence entre les deux conceptions est une divergence conductrice du développement même de la logique : isoler ou non l'accident universel qui fait connaître quelque chose de l'essence. Al-Fārābī dit que l'accident universel « fait connaître l'essence de son sujet et d'autres choses d'autres sujets » (§1), ceci vient en commentaire du passage d'Aristote sur l'accident universel : « la grammaire est science » et dans l'âme il y a la science:

> « Ce qui se dit d'un sujet et est dans un sujet, par exemple la connaissance est dans un sujet, l'âme et se dit d'un sujet, la compétence en grammaire ». (1b 1-2)

Comment comprendre ce passage ? Il y a une divergence d'interprétation selon que l'importance est ou non accordée à la particule « *dans* ». Pour al-Fārābī, l'accident universel me permet d'une part de dire quelque chose de l'essence comme dans le cas de la grammaire est science, (pour l'exemple arabe c'est « l'écriture est science ») et me permet par ailleurs de dire quelque chose d'extérieur à l'essence comme dans le cas de l'énoncé « l'âme est science », c'est-à-dire, « dans l'âme il y a la science ». Il relativise le problème posé par la particule « dans », en considérant qu'elle ne concerne qu'un des deux cas visés par l'accident universel. Il met bien plus l'accent sur la différence entre l'accident universel et l'accident singulier que sur la différence entre « être dit de » et « être dans »:

« Dans l'ensemble l'accident est ce qui fait connaître quelque chose d'extérieur à l'essence d'un sujet donné, et il est de deux sortes, dont l'une fait également connaître l'essence d'un autre sujet (universel), et l'autre ne fait connaître l'essence d'aucun sujet absolument (le singulier) ». (§2)

Averroès commente tout autrement le passage de 1b 1-2. Pour lui, c'est la particule « dans » qui distribue la compréhension de l'accident, avant même de dire s'il est ou non universel. Elle est même un élément discriminant entre la substance et l'accident quel que soit leur degré de généralité :

« La substance dans l'ensemble, qu'elle soit générale ou singulière, est ce qui n'est absolument pas dans un sujet. L'accident dans l'ensemble, qu'il soit général ou singulier est ce qui est dans un sujet. Le général dans l'ensemble, qu'il soit substance ou accident, est ce qui se dit d'un sujet. Le singulier dans l'ensemble, qu'il soit accident ou substance, est ce qui ne se dit pas d'un sujet ». (§11)

La prédication caractérisante du type « L'écriture est science » et la prédication non caractérisante du type « l'âme est science » sont simultanées, l'une fait connaître l'essence, l'autre pas. La science est *dans* l'écriture certes comme caractérisation de celle-ci, mais elle est *dans* l'âme non pas comme connaissance même extérieure de l'âme, elle est dans l'âme au sens où elle ne peut exister de façon séparée, et qu'elle a besoin « d'une tenue ». C'est sous le rapport de la particule « dans » que se comprend l'accident universel :

« Et parmi les êtres, il y a ce qui est prédiqué d'un sujet et qui est également dans un sujet, c'est-à-dire qui est prédiqué de deux choses en faisant connaître la quiddité de l'une et sans faire connaître la quiddité de l'autre, en tant que c'est une partie de la substance de ce dont il fait connaître la quiddité, et que c'est non pas une partie de la substance pour ce dont il ne fait pas connaître la quiddité, mais qu'il a sa tenue dans le sujet ».

Dans une épître sur *Les substances universelles et les accidents universels*, Averroès revient sur cette question en refusant à l'accident universel, dans le cas de la prédication non caractérisante, la propriété de nous informer même extérieurement sur l'essence :

« Si Aristote, en disant « dans un sujet » avait voulu parler de la prédication qui fait connaître de ses sujets des choses extérieures à leur essence, il n'aurait pas eu besoin de subdiviser la désignation de « dans » et il aurait pris dans sa définition, le chemin qu'a pris Abū Naṣr [al-Fārābī], c'est-à-dire qu'il aurait dit que la prédication dans un sujet a pour corrélat de faire connaître quelque chose d'extérieur à son sujet, car il aurait décrit son essence avant celle de son corrélat ».

Autrement dit il aurait décrit l'essence de l'âme avant de nous dire que la science en dit quelque chose.

Résumons-nous : l'accident universel peut bien caractériser l'essence de quelque chose et être ainsi promu au rang de genre. C'est le cas de la science quand on dit que l'écriture est une science. Là les deux philosophes sont d'accord. Mais, alors que pour al-Fārābī, l'accident universel ouvre à une connaissance graduée qui va de la caractérisation d'essence à l'information sur ce qui est extérieur à celle-ci, pour Averroès, l'accident universel n'a pas pour corrélat de faire connaître ce dont il a besoin pour sa tenue. Il reste tributaire de la particule « dans ». Dans le cas d'al-Fārābī, l'influence de Porphyre donne lieu à une considération plus générale de l'accident où celui-ci se trouve confondu dans certaines situations avec le propre : c'est le cas de « l'accident inséparable ».[1]

II La présentation de la catégorie de la substance

Il n'est pas non plus inutile de comparer les commentaires d'al-Fārābī et d'Averroès concernant la question de la substance. al-Fārābī ne suit pas le texte d'Aristote pour donner toutes les propriétés de la substance: numériquement une, n'ayant pas de contraire, recevant les contraires, ce que fait en revanche Averroès. Il fait d'abord une présentation inspirée de Porphyre sur les différences constitutives et les différences divisives en partant de la substance comme genre suprême, le corps par exemple, puis il distingue dans le corps ce qui est végétatif et ce qui ne l'est pas, dans le végétatif, ce qui est sensitif, pour arriver à l'animal comme corps végétatif sensitif et à l'homme comme animal rationnel. Genres et espèces ainsi présentés sont des substances universelles et les singulières sont présentées comme des « substances à titre premier » car leur « existence est plus parfaite que celle des universelles » :

> « Les singulières sont des substances à titre premier : en effet leur existence est plus parfaite que celle des universelles, pour autant qu'elles ont plus de titre à être indépendantes par elles-mêmes dans leur existence et à ne pas être indigentes à l'égard de rien d'autre dans leur existence : en effet elles n'ont besoin d'aucun sujet absolument pour avoir une tenue, parce qu'elles ne sont pas dans un sujet, ni d'un sujet ».

Suit un échange de propriété ou de service entre les substances universelles et les substances singulières : celles-ci (les singulières) ne sont intelligibles que lorsqu'on intellige leurs universelles et « les substances universelles ne deviennent existantes qu'en tant que leurs individus existent »

---

[1] « Il y a un accident qui ne se sépare jamais de la chose dans laquelle il se trouve, ou de certains des choses dans lesquelles il se trouve, par exemple le noir qui ne se sépare pas de la poix, et le chaud qui ne se sépare pas du feu. Et il y a un accident séparable, qui parfois apparaît et parfois disparaît alors que son sujet subsiste, par exemple le debout et l'assis qui appartiennent à l'homme » in §24 *Le livre de l'Isagogè ou de l'introduction*.

(§11). Dans l'ordre de l'existence, elles prennent donc le rang de secondes car leur existence dépend de l'existence des singulières.

On voit donc que si les singulières sont pleinement indépendantes, elles ont cependant besoin des universelles pour qu'on puisse les comprendre.

Alors que dans le texte d'Aristote cet échange entre l'intelligibilité et l'existence était donné par le jeu de substitution entre le nom et la définition : je ne peux pas définir Socrate, mais je peux substituer à « Socrate est homme », « Socrate est un animal rationnel » et savoir quelque chose de lui. Averroès va jusqu'à poser deux fois la question : « Qu'est-ce Socrate ? ».

Cette question revient deux fois dans le texte d'Averroès, la première fois pour établir un argument de transductivité quant à la désignation de quelque chose comme substance, la deuxième fois pour établir que les autres catégories ne méritent pas d'être dites « substance seconde ».

Tout d'abord l'argument de transductivité. Un argument est transductif quand de proche en proche, on transfère une propriété. Le déterminé devient déterminant à son tour. Dans le commentaire d'Averroès, c'est l'idée selon laquelle plus on est proche de la substance première plus on a droit à être nommé substance, puis de proche en proche cette appellation se transmet :

> « Parmi les substances secondes, les espèces ont plus de droit à être dénommées substances que les genres, parce qu'elles sont plus proches des substances premières que les genres. En effet, lorsque pour répondre à la question « qu'est-ce qu'un singulier ? », c'est-à-dire la substance première, je réponds par l'un ou l'autre des deux, il s'agit certes d'une réponse pertinente à la question « qu'est-ce que c'est ? », mais répondre par l'espèce à la question « qu'est-ce que c'est ? » fait connaître le singulier que l'on montre de manière plus parfaite et manifeste une pertinence plus forte que de répondre par son genre. Par exemple si on répond à la question « qu'est-ce que Socrate ? » en disant que c'est un homme, on fait connaître Socrate de manière plus parfaite que si l'on répond que c'est un animal, parce que l'humanité est plus particulière à Socrate que l'animalité et qu'il en va ainsi du comportement du plus général à l'égard du plus particulier. Voilà donc l'un des points qui font apparaître que les espèces méritent davantage le nom de substance que les genres ». (§23)

Non seulement on peut donc poser la question « qu'est-ce que ? » pour un singulier, mais on peut s'avancer pour dire que seules les substances secondes que sont les genres et les espèces sont en adéquation pour nous faire connaître quelque chose du singulier. L'argument transductif nous a fait comprendre pourquoi les substances secondes sont secondes, il faut comprendre maintenant pourquoi elles sont substances. Les autres catégories se prédiquent bien du singulier, mais elles ne le font pas connaître. Seule la substantialité des substances secondes leur permet d'être en adéquation avec les substances premières :

« les espèces et les genres de la substance première ne sont dites substances secondes, à l'exclusion des autres choses qui sont prédiquées de cette dernière, que du point de vue où se servir de l'un d'eux pour répondre à la question de savoir ce qu'est la substance première fait connaître cette dernière et où répondre à cela par autre chose est une réponse inadéquate et incongrue à la question. Par exemple, si, à la question « qu'est-ce que Zayd ? », on répond que c'est un homme, on le fait connaître avec plus de force qu'en disant que c'est un vivant, même si l'un comme l'autre font connaître sa quiddité, tandis que, si l'on répond qu'il est blanc ou qu'il est de deux coudées, on a donné une réponse qui lui demeure étrangère et extérieure à sa nature, et il était nécessaire que ces choses fussent dites substances secondes à l'exclusion des autres catégories. Voilà donc l'un des points qui font voir que le nom de substance est particulier aux espèces et aux genres de la substance première à l'exclusion des autres choses qui sont prédiquées de cette dernière ». (§25)

Averroès n'hésite donc pas à poser la question du « Qu'est-ce que ? » à propos des singuliers. Certes c'est moins pour définir le singulier que pour le « faire connaître » et pour établir le caractère second et substantiel des genres et des espèces. Mais dans une épître sur la définition du singulier, il brise le tabou de la définition même du singulier en disant que la question se pose et reçoit même une réponse.

Dans cet opuscule, Averroès analyse une aporie : d'une part, Averroès rappelle la doctrine aristotélicienne sur l'objet de la définition : il n'y a de définition que de l'universel, d'autre part à la question: « qu'est-ce qu'un singulier ? », il nous arrive de donner une définition du type : « ce qui a pour nature de ne pas permettre que deux choses se ressemblent en lui ». Comment éviter l'aporie ? Averroès propose une solution en convoquant la notion de privation et de « disposition associée dans la pensée ». Oui, il est possible de définir un singulier, mais il faut se garder d'imaginer qu'il puisse posséder « une nature associée en dehors de l'âme », rien en effet n'est en partage dans la réalité avec quelque chose d'autre tout en étant singulier. Le singulier est bien numériquement un. On veut précisément indiquer que le singulier est privé de ce partage ou association qui appartient à l'universel. Mais cette privation est quelque chose de *commun* à plusieurs singuliers, certes c'est quelque chose en « pensée » seulement, mais tous les singuliers ont somme toute cette disposition commune. C'est elle qui justifie qu'on puisse parler de définition du singulier: pour tous les singuliers, on opère en pensée une privation de « l'association appartenant à l'universel ». Grâce à cet opuscule, une lumière nouvelle est jetée sur ce qu'est l'universel. Il est faux de dire que « tout ce qui a une définition est un universel : la vérité est que tout ce qui a une définition est général, et qu'il peut se faire que le général soit un universel et que ce soit une privation d'universel, parce que la privation de l'universel appartient à une pluralité de choses de la même manière que l'universel ». Il peut donc y avoir une généralité sans qu'il y ait une prédication d'universel. L'aporie de départ est ainsi levée :

> « Les singuliers présentent d'une certaine façon une disposition associée, savoir la privation de l'association appartenant à l'universel. Cette disposition est une notion privative et de pensée, et c'est elle qui fait qu'il est correct que le singulier a une définition sans être un universel prédiqué d'une pluralité. Ainsi, en tant qu'il a une disposition associée dans la pensée, savoir cette privation de l'association appartenant à l'universel, il a bien une définition. En revanche, en tant qu'il ne possède pas de nature associée en dehors de l'âme, il est bien singulier, et ce n'est pas un universel ».

Le point d'erreur dans ce discours tient à la prémisse qui dit que tout ce qui a une définition est un universel: la vérité est que tout ce qui a une définition est général, et qu'il peut se faire que le général soit un universel et que ce soit une privation d'universel, parce que la privation de l'universel appartient à une pluralité de choses de la même manière que l'universel. Le point d'erreur en cela est donc la similitude entre l'universel et sa privation dans leur généralité, je veux dire dans le fait qu'ils appartiennent tous deux à plus d'une chose unique.

Ce discours a donc fait voir que le singulier, en tant que singulier, n'est pas associé à un autre singulier (car ce serait alors un universel), et que les singuliers ne sont associés les uns aux autres que dans la privation de l'universalité. De ce point de vue, il s'est donc avéré correct qu'ils ont des définitions – et c'est là ce que nous voulions montrer ».

III Les rapports logiques : cas de l'essence et de l'accident

J'avais dit au début qu'al-Fārābī ne commençait pas son commentaire par le rappel du *skopos* et celui de la tâche de la logique comme le fera Averroès. Mais à la fin de son commentaire, après la présentation de la dernière des catégories, l'action, il indique la manière dont les genres et les espèces devront être compris dans le cadre de la logique, non pas comme « intelligibles de choses sensibles existantes » mais « en tant qu'intelligibles universels qui font connaître les choses sensibles et en tant que les mots les désignent ». Ils relèvent alors de la logique et « portent le nom de catégories ». Les catégories sont donc cognitives et désignatives. « Toute notion intelligible désignée par un mot donnée et servant à caractériser quelque chose de cette réalité montrée, nous lui donnons le nom de « catégorie » »[2] (*maqūla*). « *Maqūlāt* » vient de la racine « *qawl* » qui signifie discours, non pas au sens simplement de ce qui est dit, mais au sens aussi du « propos ». Les catégories ont un double rapport: « un rapport avec les singuliers et un rapport avec les mots, et c'est par ces deux rapports qu'ils

---

[2] Al-Fārābī, *Epître sur les particules*, § 4.

relèvent de la logique ». Genres et espèces engagent aussi la logique à chaque fois qu'il s'agit de prédication et de degré de généralité du propos :

> « De même lorsqu'ils sont pris en tant que certains sont plus généraux que d'autres et certains plus particuliers que d'autres, ou lorsqu'ils sont pris comme prédicats ou comme sujets, ou lorsqu'ils sont pris en tant que certains en font connaître d'autres selon l'une des manières évoquées de faire connaître quelque chose, savoir faire connaître ce qu'est la chose et quelle sorte de chose c'est, ils relèvent de la logique ».[3] (§85)

Sont donc exclus tous les modes d'appréhension des intelligibles en tant qu'ils se rapportent à des réalités existantes. Cela se rapporte alors à la physique ou à la géométrie.

Avant de suivre Aristote sur la présentation des choses opposées, impliquées, de l'antérieur et du postérieur—ce que fera directement Averroès après la présentation de la catégorie de l'avoir—, al-Fārābī aborde deux situations, l'une assez attendue en logique sur le mode naturel de prédication, l'autre moins attendue, sur le caractère logique de l'advenue des choses selon l'essence ou l'accident, c'est-à-dire une lecture logique de l'événement.

Tout d'abord, le mode naturel de prédication : il « *consiste à prédiquer de la substance, de ses espèces ou de ses singuliers ce qui est en dehors de la substance* » comme lorsqu'on dit « l'homme est blanc ».

Le prédicat non naturel consiste à prédiquer la substance elle-même de ses genres comme dans « l'homme est Zayd » ou « celui qui se tient debout ici est Zayd ». La position de prédicat pour une substance première n'est pas permise comme le dira explicitement Aristote dans les *Premiers Analytiques*. Mais dans les *Catégories*, Aristote ne mentionne pas cette situation. Al-Fārābī reprend cela de sa lecture de l'*Isagogè*, où il indique que les énoncés où le prédicat est un nom propre, le nom d'un singulier ont une valeur ou illustrative ou inductive :

> « [Le] sujet [de la proposition] peut être universel et son prédicat un ou des singuliers, comme dans notre énoncé « l'homme, c'est Zayd », « l'homme est Zayd, 'Amr et Khalid ». Ces deux sortes sont utilisées pour les exemples et l'induction, lorsqu'ils sont ramenées au syllogisme : celles dont le prédicat est un singulier unique le sont pour l'exemple, celles dont le prédicat est une pluralité de singuliers le sont dans l'induction » (al-Fārābī, *Le livre de l'Isagogè, ou de l'introduction*) ».

Enfin, il y a la considération de l'événement à partir de la distinction entre essence et accident. On attendrait ce passage en physique. Mais il prend place ici dans le contexte des choses opposées, impliquées, antérieures ou postérieures les unes aux autres, ou

---

[3] A comparer avec le §12 de l'épître sur les particules : « En effet, en tant qu'ils sont désignés par des mots, en tant que ce sont des universaux, en tant que ce sont des sujets et des prédicats, en tant que certains en font connaître d'autres, en tant que ce sont des objets de questionnement et en tant qu'ils sont pris comme des réponses à la question qui porte sur eux, ils relèvent de la logique ».

simultanées. Il s'agit de repérer dans les relations physiques, les rapports logiques. Quand nous faisons par exemple la classification des modes d'opposition (selon les contraires, les relatifs, la privation/possession, l'affirmation/négation) nous faisons de la logique alors même qu'il s'agit de réalités qui s'opposent. De même pour ce type de discours qui se rapporte à l'essence et à l'accident. C'est le discours, le propos qui est interrogé, autrement dit la réalité par essence ou par accident du point de vue du discours porté sur elle :

> « On dit que la réalité qui est dans une chose, pour elle, à elle, à partir d'elle, vers elle, hors d'elle, à elle ou avec elle l'est par essence lorsqu'il est dans la nature de cette réalité d'être rapportée à cette chose, ou lorsqu'il est dans la nature de cette chose d'être rapportée à cette réalité de l'une de ces manières, ou lorsque cela est dans la nature des deux. On dit que c'est par accident lorsqu'elle lui est rapportée de l'une de ces manières sans qu'il soit dans la nature d'aucune d'elle de l'être et quand cela se produit par l'effet du hasard. Par exemple, on égorge un animal et cela correspond à la fulgurance d'un éclair ou à un lever de soleil : on dit de la mort qu'elle s'est produite lors de l'égorgement, à sa suite ou par lui, et on dit qu'elle s'est produite lors du lever du soleil ou lors de l'éclair ou à leur suite, sinon que c'est à la suite de l'égorgement, lors de ce dernier, par lui et avec lui par essence et lors de l'éclair ou à sa suite par accident, et, de même, lors du lever du soleil ou à sa suite par accident ».

Le travail logique ici consiste à repérer l'homonymie des expressions de rapport : « à elle, à la suite d'elle, lors, etc. » pour rétablir le raisonnement dans l'horizon de l'univocité, réquisit essentiel pour déduire. Al-Fārābī s'amusera à faire la même chose dans l'épître sur l'intellect, en montrant que ce que les théologiens visent à travers l'expression « à première vue » c'est la conviction de premier coup d'œil de la rhétorique et non l'immédiat des prédicats présents dans la formulation des premiers principes.

Remarques comparatives sur la démonstration et l'invention dans le progrès des connaissances

Michel Paty

Directeur de recherche émérite au Centre National de la Recherche Scientifique (CNRS) (Laboratoire de Philosophie et d'Histoire des Sciences (SPHERE)-UMR 7219 (ex- EQUIPE REHSEIS), CNRS et Université Paris 7-Denis Diderot, Paris, France

Résumé. On s'attache en premier lieu à caractériser ce qu'on appelle *démonstration* en général, en précisant son lien à l'idée de *théorie*, ainsi que quelques autres notions telles que *intuition*, *invention* et *création*. On se porte ensuite sur le *caractère dynamique* des sciences, que fait voir leur mouvement dans l'histoire et qui se manifeste dans le travail même des scientifiques, aussi bien en ce qui concerne les mathématiques que les sciences de la nature (notamment la physique), et cela aussi loin que l'on remonte dans l'histoire de la pensée, car les sciences sont en devenir. L'idée de *démonstration* elle-même s'est modifiée dans nos conceptions, puisqu'elle ne se limite pas à *justifier* en raison, mais contribue surtout à l'*exploration* du domaine étudié qui en révèle de nouveaux aspects. On montre comment elle a partie liée avec l'idée de *création* et avec celle d'*intuition*, en invoquant les rôles respectifs dans la pensée rationnelle des deux modalités, *analytique* et *synthétique*. Ces considérations sont étayées par des analyses de cas considérés à différentes périodes de l'histoire des sciences, tant en mathématiques qu'en astronomie et en physique. L'étude comparative entre de tels cas permet d'expliciter des constantes et des variations dans ces rapports. Concernant la physique, on considère en particulier les rapports entre *expérience* et *démonstration*, ainsi que les caractères des concepts physiques comme grandeurs d'expression mathématique et portant des contenus propres de signification.

Mots-clés : création, déduction, démonstration, expérience, intuition, invention, logique, rationalité.

Sur la démonstration en général

La notion de « *démonstration* » est censée résumer ce qui fait l'essence de la méthode scientifique et de la Science elle-même dans la tradition que nous faisons remonter aux Anciens Grecs. La conception qui en est donnée et ses attendus ont pu varier au cours des âges, c'est encore elle qui forme la pierre de touche des connaissances scientifiques, non seulement de la Logique et des Mathématiques, mais aussi de celles qui portent sur la nature et les sociétés. Il s'agit, dans tous les cas, d'une argumentation rationnelle qui intègre entre eux des éléments rationnels ou empiriques de connaissance, de telle sorte que ceux-ci se trouvent, par cette intégration, éclairés dans leurs relations mutuelles, et justifiés dans leur nécessité pour la pensée. Le terme (et la notion) de « *théorie* » s'est imposé pour désigner une organisation structurelle et systémique (et pas seulement sérielle) de ces éléments. Il y a entre *démonstration* et *théorie* une connivence, puisque la théorie (dans quelque domaine de la connaissance que ce soit, suivant des modalités appropriées à chacun) se prête à la démonstration ou à la réfutation ; et la réfutation n'est qu'une démonstration négative, dont l'exemple le plus simple, le plus proche de la logique, est la démonstration par l'absurde, qui occupe une place particulière dans la démonstration rationnelle.

La démonstration a toute une histoire, que l'on peut étudier à partir de cas, c'est-à-dire de faits historiques sur la connaissance. N'évoquons, un instant, que quelques grandes lignes de plusieurs stades marquants de cette histoire. D'abord, dans l'Antiquité, l'opposition entre la raison et le mythe, puis entre la raison et l'opinion, à l'époque qui vit la naissance de la Philosophie et des Mathématiques grecques. On passe ensuite aux contributions scientifiques et méthodologiques des penseurs du Moyen-âge Arabo-islamique et Européen. De là, sautant aux débuts de la Science moderne classique, l'exigence cartésienne de raisonner à partir d'idées claires et distinctes, pour parvenir à l'évidence, clé ultime de l'intelligibilité ; et le raisonnement conçu comme un calcul sur des « caractéristiques » de Leibniz. L'on passe ensuite au problème fondationnel et logistique de Frege, Dedekind, Russell, qui est celui de reconstruire les Mathématiques, et en premier lieu l'Arithmétique, sur la base de la Logique seule, perspective qui s'avéra sans issue pour les fondations des sciences, mais qui ouvrit les digues de la pensée logique, qui prit son essor comme branche des mathématiques avec une floraison de développements nouveaux[1]. Enfin, à la pratique de la Science contemporaine dans ses différents domaines et à ses énoncés de scientificité. Au cours de cette longue histoire, de l'un à l'autre de ces stades, le statut de la « démonstration » (de ce que l'on appelle et conçoit aux diverses époques sous ce vocable) s'est assurément modifié de manière considérable. Mais les modifications n'on pas été cependant si radicales que l'on n'y puisse déceler la permanence de certains traits, et caractériser assez précisément ce que furent les changements des plus nouveaux par rapport aux plus anciens.

Sur quelques autres notions: intuition, invention, création

C'est de cette constatation générale et qualitative, mais assez réaliste et raisonnable, que nous partirons, pour identifier quelques autres notions que celle de

---

[1] Voir, par exemple da Costa 1993.

démonstration, et que celles de *logique* et de *rationalité* qui lui sont étroitement liées, et qui sont, elles aussi, l'objet de transformations de nos conceptions. Les notions dont on parle moins, mais qu'il nous paraît opportun d'évoquer ici avec les premières, sont celles d'*intuition* et d'*invention*, et même de *création*, et elles sont corrélées également aux transformations des précédentes.

L'*intuition* est sans doute d'invocation aussi ancienne que les trois premières, puisqu'on la trouve chez Aristote. Chez celui-ci, comme chez la plupart des autres auteurs après lui, elle est invoquée en rapport à une expérience vécue de l'intelligence, de la compréhension, ou à la possibilité d'une telle expérience. Elle tient un rôle dans les diverses philosophies de la connaissance, sous des acceptions et des fonctions extrêmement diverses, de Descartes et Spinoza qui la relient à la raison, à Diderot qui la voit réglée par l'imagination, à Kant qui la rapporte à l'esthétique transcendantale, à Bergson qui la place dans la psychologie, et à Poincaré, Einstein, Weyl, qui rétablissent et amplifient sa fonction rationnelle de saisie intellectuelle synthétique. Cependant, la dominance du logicisme, même sous des formes atténuées, en Sciences et surtout en Philosophie au XXe siècle, aura fait assez largement oublier ce rôle et rejeter l'intuition dans les ténèbres de la subjectivité et du psychologique. En contrepoint, les philosophies de la subjectivité et des affects ont pu développer des conceptions sur l'intuition détachées de la dimension du rationnel. La conjonction de cette omission d'une part et de cet accaparement de l'autre a pu estomper durablement en philosophie des sciences et de la connaissance le rôle intellectuel de l'intuition, mettant ainsi sous le boisseau l'une des principales leçons de l'expérience de la connaissance telle qu'elle a pu être vécue, et parfois même analysée, par ses protagonistes les plus productifs et les plus créatifs eux-mêmes.

Quant à l'idée d'*invention* et à celle, plus précisément, de *création*, elles ne sont entrées que récemment dans la pensée des Sciences, dans la mesure où ces dernières étaient vues traditionnellement comme reproductions de réalités préexistantes. Et d'ailleurs les Arts eux-mêmes (au sens des Beaux-arts), qui ont été très longtemps pensés selon l'idée de *mimesis*, ne pouvaient non plus, semble-t-il, être conçus sur le mode de créations au sens propre (sous bénéfice d'une analyse nuancée de la notion de *mimesis* chez Aristote et ses héritiers[2]). Avec la pensée moderne, qui rapportait l'Art avant tout à l'imagination, celui-ci put se libérer des contraintes de son objet supposé avant la Science, rapportée pour sa part à la nature et à la raison[3], qui obligeaient plus encore, ne laissant, selon les conceptions admises, que peu de marges à l'autonomie de l'esprit.

---

[2] Auerbach 1946. Je remercie Maria Aparecida Corrêa-Paty pour une information et une intéressante discussion sur ce point.
[3] Selon l'organisation de la classification des connaissances humaines, en rapport aux facultés de l'esprit humain (mémoire, imagination, raison), dans l'*Encyclopédie* de Diderot et d'Alembert (Diderot et d'Alembert 1751-1780). Sur la possibilité de concevoir les élaborations des sciences comme des créations de l'esprit humain, voir Paty 1999.

La pensée symbolique: science et liberté

Cependant, même si les caractères et les modalités de l'art et de la science sont nettement différents, ce sont là deux formes de la *pensée symbolique*, et la prise de conscience de la nature de la pensée scientifique à cet égard[4], en soulignant la différence de modalité de ses produits (les énoncés de connaissances) par rapport aux entités (formes, états ou objets) dont ils traitent, devait (ou devrait…) *libérer*, comme pour l'Art, les conceptions sur les processus de l'esprit par lesquels ces formes sont produites.

La critique de l'inférence causale et de l'induction faite par Hume au XVIIIe siècle devait contribuer à libérer à terme la *conception philosophique* de la pensée scientifique (notamment en physique) par rapport au donné immédiat[5]. Mais les sciences furent directement amenées à considérer leur *liberté dans l'exercice même* de leurs élaborations, au XIXe siècle, d'abord en mathématiques et en théorie physique. Telles, pour les premières, les constructions abstraites et de pur raisonnement qu'étaient les géométries non euclidiennes, la théorie des nombres réels, la théorie des ensembles… Et, pour la seconde, les édifices théoriques très formalisés, atteignant une plus grande généralité, élaborés en physique mathématique et théorique avec la mécanique hamiltonienne, la théorie du potentiel ou encore l'énoncé des principes de la Thermodynamique, qui paraissaient tous bien éloignés du compte-rendu immédiat des expériences de laboratoire, auxquelles des liens très étroits certes, mais de plus en plus indirects, les rattachaient.

Ces théories, mathématiques ou physiques, s'avéraient aussi légitimes et fondées que celles qui les avaient précédées, considérées traditionnellement comme descriptives dans une acception plutôt concrète car imposées directement par le monde et les choses ; elles revenaient, en fait, à élargir ces dernières, et à ramasser leur formulation dans un appareil conceptuel plus synthétique. Les anciennes théories, conçues comme tirées du monde, et les nouvelles, formulées dans l'abstraction, se tenaient scientifiquement sur un pied d'égalité. Les secondes ne faisaient que rendre manifeste et sans échappatoire, un trait commun à toute pensée des formes, même vouées à la précision et à l'objectivité : à savoir qu'elles sont *produites par des actes de création mentale*, dans l'ordre intellectuel.

En bref, pour conclure cette première réflexion sur les notions introduites, le travail de la pensée scientifique, tel qu'il est possible de le suivre à travers ses élaborations, paraît bien obliger à considérer aujourd'hui ces notions, les premières (*démonstration, logique, raisonnement*) aussi bien que les secondes (*intuition, invention, création*), et à les mettre en rapport. Prenant ce point de vue, nous pourrions ensuite faire quelques retours en arrière dans l'histoire, portant un regard

---

[4] Cassirer 1923-1929.
[5] Hume 1748.

récurrent sur telle ou telle étape caractéristique de l'*élaboration* de connaissances qui, hier aussi bien qu'aujourd'hui, correspondent de fait à des *création*s de connaissances nouvelles. Il n'était alors question toutefois, en règle générale, que de *démonstrations*, appellation somme toute modeste au regard de ce qui était obtenu. Témoin, par exemple, le titre de l'ouvrage fondateur de la nouvelle physique, *Discours et* démonstrations *concernant deux sciences nouvelles*, de Galilée, qui établissait d'une part les débuts de la Dynamique, et d'autre part la Science des matériaux[6].

La dimension dynamique. Des sciences en devenir. Travail et construction.

Si l'on a pu longtemps considérer que la *démonstration* est ce qui caractérise le mieux la science telle que nous la connaissons, et singulièrement les mathématiques, on conçoit aussi aujourd'hui, après toutes les évolutions enregistrées de cette science et des autres, que le caractère *dynamique* lui est tout autant, sinon davantage, essentiel. Il nous est devenu impossible de considérer les sciences comme des savoirs statiques, dont l'essentiel nous serait déjà acquis. C'est à peu près évident pour les sciences de la nature, vu leur explosion relativement récente, y compris la Physique, qui avait paru à certains atteindre sa fermeture, à la fin du XIXe siècle, à la veille même de ses renouvellements les plus éclatants (la Physique relativiste et la Physique quantique). Mais les mathématiques le manifestent tout autant, dans leur ancienneté et leur continuité, bien que les programmes logiciste et axiomatique ait pu quelque temps inciter à penser le contraire, car la question des fondements logiques des mathématiques, à commencer par l'arithmétique, suppose implicitement que l'essentiel de cette science serait acquis et assuré sur des fondations stables déjà données ; et de même son axiomatisation, quoique celle-ci soit plus méthodologique que fondamentaliste.

Or, comme les mathématiciens « praticiens » le savent bien, les mathématiques sont en devenir. Jean Cavaillès le rappelait dans son livre posthume *Sur la logique et la théorie de la science* (écrit dans sa prison vichyssoise en 1942)[7], en soulignant l'échec du programme logiciste, consacré et consommé par la démonstration du théorème de Gödel, en même temps que l'insuffisance de la philosophie husserlienne de la conscience à rendre compte du mouvement de la pensée mathématique. A ces deux programmes, caducs à ses yeux, Cavaillès opposait celui d'une philosophie du *concept*, c'est-à-dire de la *rationalité*, orientée vers l'objectivité : les mathématiques ne sont pas fermées, et il reste davantage de mathématiques à *inventer*. Nous pouvons même expliciter, anticipant la suite, que cette philosophie du concept est une philosophie qui considère la rationalité en

---

[6] Galilée 1638.
[7] Cavaillès 1947.

œuvre dans la construction de concepts selon la pensée symbolique, dans un *mouvement de l'esprit* orienté *vers l'objectivité* (tant celle des mathématiques que celle des sciences qui portent sur le monde).

Il y a une relation directe entre cette caractérisation des sciences par leur mouvement et les modifications subies par l'idée de démonstration. Et, en premier lieu, celle-ci : que la démonstration ne peut être enfermée dans la fonction – ou dans la modalité – de la légitimation rationnelle d'un savoir déjà connu. Bachelard qualifiait, à juste titre, les chercheurs scientifiques de « travailleurs de la preuve »[8]. Dans cette expression, il y a, certes, le mot « preuve », qui désigne la légitimation rationnelle, mais il y a aussi le mot « travail » qui indique à la fois l'effort (du sujet) et les transformations (de l'objet de ce travail). Le mathématicien, le physicien, et aussi bien les chercheurs œuvrant dans d'autres domaines de la connaissance scientifique, transforment les propositions (soit mathématiques, soit relatives à des objets plus concrets, des objets du monde), sur lesquelles ils travaillent par le moyen de l'outil de leur pensée. Déjà la fonction de *démontrer* déborde le rôle qui lui était a priori assigné : l'argumentation rationnelle par laquelle s'effectue la démonstration ne se contente pas de justifier, elle révèle dans son mouvement même de nouveaux aspects, de nouvelles propriétés, elle transforme, relie autrement, pose de nouveaux problèmes, explore le domaine des objets sur lesquels elle porte, ouvre des aperçus inédits, étend le domaine de ses objets, et souvent modifie, ce faisant, ses critères mêmes.

Il n'est pas inutile d'insister ici quelque peu sur le dilemme posé à la pensée mathématique entre l'invention et la fondation. La démonstration portait, dans la conception classique (avant la modernité et les renouvellements de la Logique) sur le caractère logique des propositions. De l'invention peut y être constatée, si toutefois l'on quitte le cadre logique formel, en admettant l'intervention d'un mode « intuitif » de pensée, entendu dans un sens synthétique et portant sur quelque chose de donné (appartenant à la nature, ou relevant de l'« application des mathématiques », comme on le disait alors, à propos notamment de la Géométrie). On a pensé que la limitation de la pensée mathématique venait de ce rapport conçu comme « naturel » (voir la pensée du rapport de la géométrie à la physique)[9] : les géométries non-euclidiennes semblent venues d'une plus grande rigueur des mathématiques en tant que telles (relativement à la justification des axiomes). En fait, les inventeurs des géométries non-euclidiennes (Gauss, Riemann, …) gardaient la perspective de leur rapport éventuel à la nature, mais celui-ci n'était pas conçu comme « déjà donné » : il était « conçu » (et admis comme tel) avant d'être éventuellement reconnu comme « perçu ». Il y a, dans ce passage du *percevoir* (ou croire percevoir) au *concevoir*, toute la prise de distance du *donné* au

---

[8] Bachelard 1953.
[9] Par exemple, Paty 1993, chapitres 6 et 7.

pensé qui permet d'établir la possibilité de l'*invention* dans le raisonnement et de l'*intuition* dans la compréhension[10].

Si la plus grande conscience de la rigueur joue un rôle dans la dynamique de l'élaboration des mathématiques, ce n'est pas là son seul moteur, car celui-ci reste tout interne. Un autre est l'élargissement du contenu des concepts (par exemple celui de nombre) ou l'élaboration de nouveaux concepts (par exemple l'inconnue algébrique, la différentielle, les vecteurs, les tenseurs, etc. ; ou encore la métrique, la topologie...). En même temps, la démonstration voit s'élargir son champ, parce qu'elle tient compte de l'élargissement des objets et des relations sur lesquels elle porte. Un exemple (entre beaucoup) pourrait en être donné par le Calcul différentiel et intégral : son invention est survenue avant sa justification en rigueur (telle que proposée par la définition de la limite, de d'Alembert à Cauchy).

On voit donc que l'activité qui correspond en mathématiques à la démonstration explore, construit, élargit, révèle. De nouvelles formes (dans la pensée symbolique) sont inventées. Et l'on hésite d'ailleurs aujourd'hui de moins en moins à parler de *créativité*, de *création* au sens propre, à propos des sciences comme on en parle pour les arts depuis un siècle et demi, voire avant. Il faut préciser : il s'agit de création, dans ce domaine de la pensée symbolique rationnelle, de formes d'ailleurs susceptibles d'aider à la création d'autres formes dans d'autres domaines, correspondant à des aspects de la nature et de la culture, à l'apparition de formes matérielles et à des transformations de milieu. Et particulièrement en physique, comme nous allons le développer maintenant, non pas à titre de simple application des relations des formes mathématiques, mais en tant que création de formes (ou d'objets) *sui generis* qui impliquent la forme mathématique dans les contenus mêmes des concepts physiques.

Création et intuition dans le travail scientifique

Or cette *création* a partie liée avec l'*intuition* : deux notions ou concepts philosophiques que des savants penseurs aussi considérables que Poincaré et Einstein mettaient au centre de leurs vues philosophiques sur la connaissance[11].

Poincaré écrivait : « C'est par la logique qu'on démontre, mais c'est par l'intuition qu'on invente »[12]. Il faudrait préciser la portée de ces remarques. La première partie de la phrase n'est pas tout à fait satisfaisante, car elle semble accorder trop à la logique dans le raisonnement mathématique, ou réduire la signification de la démonstration, en identifiant le logique et le rationnel. Beaucoup aujourd'hui s'accordent (du moins chez les praticiens des sciences, mais pas nécessairement chez les philosophes, surtout les philosophes analytiques) pour

---

[10] On retrouve, selon moi, le même effet avec le problème du statut de la théorie quantique dans son rapport à l'observation des phénomènes (cf. par ex. Paty 2009a &b).
[11] Paty 1993, chap.9 et 1999.
[12] Poincaré 1889.

distinguer le rationnel et le logique. Cette distinction paraît essentielle, et nous allons y revenir. Il faudrait aussi s'arrêter quelque peu à la distinction entre raisonnements analytiques et raisonnements synthétiques et à leur qualification respective, qui est récurrente dans l'histoire de la pensée et singulièrement dans celle des mathématiques. Il existe des démonstrations purement analytiques, qui démontent en quelque sorte le système des relations entre les éléments d'une figure ou d'un problème, mettant au jour des propositions sur des propriétés qui n'étaient pas explicitement énoncées, mais qui étaient contenues potentiellement dans celles d'où le raisonnement part. La forme idéale de telles démonstrations serait celle d'une axiomatique, mais si tel était le cas, il faudrait que toutes les prémisses soient déjà expressément formulées en tant que telles[13]. Or même un raisonnement analytique en principe ne dispose pas toujours (c'est même rarement le cas) dès le départ de tous les éléments qui s'avèreront nécessaires: il faudra les ajouter en chemin, non pas certes de manière arbitraire, mais par quelque nécessité qui le suggère ou y oblige. Cette part du raisonnement s'apparenterait alors davantage à un processus synthétique de la pensée, qui fait voir au-delà de l'analytique strict et immédiat, en tenant compte d'une totalité entrevue. Il sera possible ensuite d'incorporer ces éléments additionnels dans le système de raisonnement en réorganisant ce dernier plus axiomatiquement.

La démonstration (sauf dans le cas d'une axiomatique au sens strict) correspond donc à un raisonnement plus riche qu'une suite de propositions tautologiques comme le sont celles d'une déduction simplement logique : au terme de la démonstration, le contenu de sens des propositions obtenues est plus grand que celui des propositions de départ, qui ne contenaient pas les propositions finales. Celles-ci débordent les premières tout en leur étant étroitement reliées. Du *nouveau* est apparu dans le processus de démonstration. La démonstration n'est pas seulement une justification rationnelle selon des chaînes emboîtées de propositions, elle est également création de nouvelles connaissances. Ce faisant, elle fait apparaître une connaissance synthétique, qui est *a posteriori* quant au résultat, sans que toutefois de nouvelles données y aient été ajoutées; cet élément synthétique n'est pas non plus *a priori* dans le sens kantien, il est construit dans l'opération du raisonnement. Autrement dit, l'*exercice du raisonnement est constructif*. Constatons cet état de chose sans l'analyser davantage pour l'instant.

Rôle de l'« intuition intellectuelle » :

Revenons à la phrase de Poincaré dont nous avons examiné la première partie. La seconde partie de la phrase énonce que "c'est par l'intuition qu'on invente". Elle recueillerait plutôt l'unanimité, tant chez les physiciens que chez les mathématiciens, voire même chez les logiciens. Poincaré et Hilbert, qui peuvent sembler illustrer l'opposition soulignée par Poincaré entre l'intuition qui crée et la

---

[13] Voir, par exemple, la Géométrie de Hilbert (Hilbert 1899).

logique qui garantit la rigueur, revendiquaient tous les deux l'intuition comme essentielle, et indispensable dans le processus de raisonnement. Sans aucun doute leur conception de l'intuition, comme chez Einstein pour ce qui est du travail de la pensée en physique, la situait du coté du rationnel, et non de la psychologie à quoi la renvoyaient de leur coté, pour défaut de rigueur, les philosophes de l'empirisme et du positivisme logiques, comme d'ailleurs leur disciple dissident Popper, ainsi que bien des philosophes analytiques, pour mieux la rejeter en-dehors de la philosophie.

Pour résumer d'un mot ce qui semble bien être en question ici, la pensée rationnelle, qui se distingue de la simple pensée logique, comporte une modalité analytique (qui est celle que l'on associe le plus souvent à la démonstration), et une modalité synthétique, qui se présente sous la forme de *l'intuition intellectuelle* ou *intuition rationnelle*. Et la création dans la rationalité est corrélative de cette dernière. Les deux modalités, quoiqu'on puisse les distinguer, sont rarement séparées dans le processus effectif du raisonnement : même quand elle paraît principalement analytique, la démonstration a recours à des moments synthétiques, qui correspondent à un réajustement des éléments dont elle dispose, et ce réajustement introduit en quelque sorte du contenu de sens qui n'était pas présent jusqu'alors[14].

Que la démonstration ne se limite pas à justifier, mais qu'elle explore ce qu'elle met en jeu et porte au jour de nouveaux contenus de connaissance, cela bien entendu ne date pas d'hier. Tel était déjà le processus de la pensée mathématique, bien avant que l'on ne parle d'invention et de création. Mais nous pouvons aujourd'hui en être pleinement conscients. Et le passé s'éclaire mieux de cette prise de conscience.

Remarques sur la Physique: expérience et démonstration

(i) Sur ce qu'est la Physique:

Considérons maintenant la physique telle qu'elle s'est formée, surtout à partir du XVIIe siècle, et plus encore aux XVIIIe et XIXe ainsi qu'au XXe, en étroite connexion aux mathématiques, dans la mesure où ses concepts (portant un *contenu de sens* physique, ou encore dont la signification se rapporte au monde physique) ont été élaborés "suivant la quantité", c'est-à-dire comme des *grandeurs d'expression mathématique*. De leur forme mathématique résultent leurs relations mutuelles ; mais celles-ci sont en outre réglées par des restrictions imposées par leur nature de concepts physiques, c'est-à-dire portant sur des entités existant dans la nature et se manifestant à travers des phénomènes. Les concepts-quantités sont réglés les uns par rapport aux autres par les propriétés générales des phénomènes qui sont donnés dans les faits. Ces propriétés prennent éventuellement la forme de

---

[14] Sur l'« intuition intellectuelle », voir aussi Paty 2010.

lois physiques, ou de *principes physiques* (comme lois générales), auxquels les concepts sont soumis, et qui leur imposent donc des restrictions, par la forme de leurs relations.

(ii) Sur ce qu'est la démonstration en Physique ?

On peut se demander ce que signifie « démontrer » en physique (classique et contemporaine). Le « travail de la preuve » comporte deux volets : celui de l'*expérience*, d'une part, qui se préoccupe de l'adéquation aux phénomènes (en premier lieu par le recueil des faits les concernant) ; celui du *raisonnement* qui relie les éléments conceptuels de la représentation théorique, d'autre part. Il est clair, pour la physique, de manière plus évidente encore qu'en mathématiques, que le raisonnement ne s'identifie pas à des inférences logiques. La « démonstration » consiste ici à rendre compte du lien que les phénomènes ont entre eux à travers les concepts dont l'ensemble (imbriqué par la théorie) les représente. Réaliser ces relations, tel est le rôle de la théorie. La théorie fournit la raison des phénomènes, considérés à travers (ou par) les relations, formant structure, des concepts (mathématisés) qui les décrivent : elle est le système structuré de ces concepts, et c'est désormais elle qu'il s'agit de démontrer, en partie ou en totalité.

(iii) Comment fonctionne la démonstration en Physique ?

Nous approchons ainsi, de définitions en exigences, de la démonstration elle-même, mais nous en sommes encore à nous y référer et elle reste somme toute extérieure. Interrogeons-nous à nouveau, donc, ce qui précède étant précisé, sur ce que l'on entend par "démontrer" en physique. En vérité, la Physique ne cherche pas tant à démontrer un certain ordre du monde (sinon le *monde*, du moins la *représentation* qu'elle s'en propose) qu'à l'*explorer*, à le *décrire* et à le *rendre intelligible* (selon cette description même). La démonstration au sens propre, inspiré du sens mathématique (portant sur les relations des grandeurs), intervient quand il s'agit de dérouler, d'analyser, les relations de concepts, autour de ce qui fait le lien entre eux, ainsi qu'avec les lois et les principes, et ainsi de les comprendre. La démonstration s'effectue alors à l'intérieur de la structure théorique ; elle porte sur les relations mathématiques des grandeurs, qui viennent en premier lieu de leur expression même, à quoi s'ajoutent les conditions restrictives dont nous avons parlé plus haut, qui assurent leur caractère de grandeurs physiques et non pas seulement mathématiques. La formulation de la théorie de la relativité restreinte par Einstein en constitue un exemple parlant.

Remarque 1 : déduction et démonstration

Il y a une distinction à faire entre déduction et démonstration: la première est purement opératoire et limitée par la portée de l'hypothèse, tandis que la seconde conditionne l'intelligible pour un domaine élargi. On concevra mieux qu'une opération de déduction corresponde à une démonstration si elle nous rapproche d'une pleine compréhension, c'est-à-dire si elle resserre la rationalité du système d'énoncés ou de propositions : il est clair que ce resserrement est le plus effectif lorsque la signification est référée à des principes fondamentaux porteurs d'un sens physique général, et fonctionnant pour la raison à la manière d'axiomes. Alors, par le jeu des démonstrations, toutes les propositions sur des propriétés sont ramenées à l'essentiel, et l'on s'est rapproché d'une compréhension synthétique et systémique, du point de vue de la physique même.

Remarque 2 : Choix de concepts et d'énoncés de lois et de principes physiques

Il est question d'établir en quoi des grandeurs, qui expriment des concepts, sont physiques, ou doivent être rendues physiques, étant donné ce que l'on sait alors de la Physique, et interviennent ici les autres disciplines qui en font partie. Pour fixer les idées, si l'on reprend le cas de la théorie de la relativité restreinte, ce sont la Mécanique, l'Optique et l'Electromagnétisme (ainsi d'ailleurs que la Thermodynamique, qui joua aussi un rôle par l'organisation de ses deux principes), avec leurs phénomènes et les théories correspondantes, même imparfaitement formulées (puisqu'il s'agit de les réformer). On mesure combien cette *opération de discernement* est complexe, et fait intervenir une pensée de l'ensemble, orientée et structurée, informée en même temps des propriétés particulières significatives et capable de les organiser rationnellement selon une perspective synthétique correspondant à leur meilleure intelligibilité. Dès lors que ce choix est effectué, la démonstration proprement dite va de soi : elle éclaire le système de la théorie, en mettant le contenu physique de ses concepts en pleine lumière (leur soumission aux principes directeurs, leurs relations mutuelles), et en le révélant à proprement parler, indiquant par là les nouvelles propriétés « relativistes » des grandeurs. (Ainsi, pour la théorie de la relativité restreinte, la démonstration des formules de transformation pour des systèmes de coordonnées d'espace et de temps en mouvement relatif).

Remarque 3 : Sur la démonstration et les idées claires et distinctes, les métamorphoses du rationnel

Dans de nombreux cas, les idées ou concepts sur lesquels porte le raisonnement (la démonstration) ne sont nullement clairs et distincts. Une partie d'entre eux le sont, une autre non. D'Alembert, au XVIIIe siècle, posait l'idée claire du mouvement comme celle du parcours d'une distance spatiale pendant une durée de temps correspondante, et il se proposait de traiter de la mécanique, et plus précisément de la *dynamique* (c'est-à-dire des changements quelconques de mouvements), en ne faisant appel qu'à cette seule idée de mouvement. Il lui fallait rendre compte du *changement de mouvement*, objet de la Dynamique, sans recourir à l'idée obscure à ses yeux de *force* qui en figurait la *cause*[15]. Il établit dans cette

---
[15] Telle qu'on la trouve dans les *Principia* : Newton 1687, Livre 1.

perspective une réorganisation théorique de cette science sans sortir de cette caractérisation simple du mouvement, mais formulée dans les termes du calcul différentiel et intégral, ce qui permettait l'expression exacte du changement instantané de mouvement, par les grandeurs dx, dt, $dv = dx/dt$. L'un des points culminants de cette réorganisation était l'expression pour ainsi dire interne de la variation du mouvement par celle de la vitesse instantanée, à savoir l'accélération, construite et démontrée géométriquement et algébriquement comme déterminant la déviation (instantanée ou élémentaire) par rapport au mouvement précédemment acquis et conservé en vertu de la loi (ou principe) d'inertie[16].

Dans le *Traité de dynamique*, d'Alembert parachève sa réorganisation conceptuelle et théorique de la Mécanique en étendant la mise en œuvre de la solution des problèmes du mouvement par la "force accélératrice", des corps matériels de figure simple dont il était parti aux corps de forme quelconque et aux systèmes de corps liés entre eux, et entre lesquels le mouvement acquis se communique, grâce à l'obtention de son "théorème de la dynamique" (qu'il dénomma "principe général de la dynamique", et connu après lui comme "principe de d'Alembert"), qui résulte lui aussi d'une démonstration[17]. *Cette démonstration forge, en même temps qu'elle les utilise, les éléments conceptuels théoriques requis par cette extension*, comme en les extrayant rationnellement des énoncés et propositions corollaires des trois principes, mais en fait en les en faisant surgir (car la pensée d'alembertienne des principes de la mécanique les impliquait). Le concept de "mouvement virtuel" (avec celui de "vitesse virtuelle") tient un rôle essentiel dans cette élaboration : c'est lui qui permet d'exprimer, grâce au principe de l'équilibre, les effets de liaison entre les parties du corps, par le jeu de compensation de vitesses virtuelles (à strictement parler, il s'agit bien sûr d'impulsions, $p = mv$) créées ou détruites. Les mouvements virtuels, intervenant dans la transmission du mouvement par les liaisons entre les parties du corps, se réajustent pour retrouver l'équilibre à quoi peut se ramener l'expression du mouvement composé. Lagrange utiliserait ce "principe des vitesses virtuelles" ou principe de d'Alembert, en en faisant, en réalité, moyennant l'utilisation d'un nouveau concept, celui de "travail", un "principe des travaux virtuels" conduisant directement aux équations générales de la Mécanique des systèmes de corps ("équations de Lagrange").

Dans toutes les phases du travail de réorganisation conceptuelle de la Mécanique par d'Alembert, *le raisonnement-démonstration implique bien plus que des démonstrations-déductions pour des concepts qui seraient déjà pleinement acquis*. La "démonstration" des lois fondamentales de la dynamique s'effectue moyennant l'introduction de nouveaux concepts, autrement dit elle comprend des moments de construction de concepts (tels que celui de "mouvement naissant" suscité par la pensée des grandeurs différentielles, ou celui de mouvements et de

---

[16] D'Alembert 1743, chapitres 1 et 2. Paty 2004b.
[17] D'Alembert 1743, deuxième partie, chapitre 1. Paty 1977, 1998.

vitesse *virtuels*, qui trouve son origine, et déjà chez Stevin, dans une *conception dynamique de l'équilibre*, ...). Elle implique aussi davantage que la simple mise en œuvre théorique de ces concepts, puisque le raisonnement de d'Alembert, outre ces élaborations qui en sont partie intégrante, repose sur une exigence méta-théorique ou philosophique d'intelligibilité rationnelle, à savoir l'exigence cartésienne des idées claires et distinctes, qui le conduit, en refusant tout rôle fondamental à la notion newtonienne de force extérieure, à concevoir-et-démontrer le concept de force accélératrice *immanente au mouvement et donnée par celui-ci*.

Il faut souligner, en invoquant l'héritage rationnel, assumé par d'Alembert, des idées claires et distinctes, que celles-ci, lorsqu'elles portent sur la physique, ne sont plus celles reçues de Descartes. Si d'Alembert préfère modifier le cadre de pensée de la Mécanique en le réorganisant par rapport à celui des *Principia*, pour les raisons indiquées, mais aussi pour y rendre plus direct l'usage de l'Analyse comme moyen de la pensée des grandeurs, il ne s'en inscrit pas moins dans la filiation de la Physique de Newton, qu'il revendique pleinement, d'ailleurs contre celle de Descartes[18]. En quelque sorte, son intention aura été d'actualiser, ou même de reformuler, le projet intellectuel cartésien de rationalité et d'intelligibilité, pour l'adapter aux exigences de la Physique de Newton (mais sans la « métaphysique » de ce dernier).

Dans ce programme, la considération du changement du mouvement des corps doit tenir compte de propriétés des corps matériels différentes du seul espace qu'ils occupent (à quoi Descartes restreignait leurs propriétés substantielles) : en particulier, la *masse* (distincte du poids), l'*impénétrabilité* et l'*attraction gravitationnelle*[19]. Ces propriétés sont révélées par leurs effets, mais on doit convenir que les concepts correspondants n'ont rien de la clarté et de l'évidence ; cependant, par le fait qu'ils sont mis en œuvre dans le raisonnement théorique, où ils ont une fonction précisément et exactement assignée, ils s'imposent comme éléments de base de la pensée physique des corps, en sus du volume d'espace occupé, et sont présents comme tels dans toutes les démonstrations-raisonnements de la dynamique. Ceci correspond à une modification importante par rapport à la conception cartésienne. Ces concepts étaient justifiés par leur fonction dans l'ensemble théorique, et ils ne demandaient pas (pour l'instant, à l'époque considérée) à être justifiés davantage. La clarté d'alembertienne comporte donc inévitablement un résidu d'obscurité, qui tient à ce que le monde réel n'est donné d'emblée à la pensée. (Le rationalisme de d'Alembert se compose à un réalisme, sans pour autant se dissoudre en empirisme).

On peut dire que des concepts physiques tels que la masse, l'impénétrabilité, l'attraction, avaient acquis, par leur fonction théorique, leur « nouvelle évidence »

---

[18] D'Alembert 1751, 1758. Voir Paty 2001.
[19] Vor en particulier l'analyse critique que d'Alembert fait du concept d'attraction dans son article "Attraction" de l'Encyclopédie (*in* Diderot & d'Alembert 1751-1780, vol. 1, 1751). Cf Paty 1977, 1998.

ou, pour mieux dire, leur *nécessité* pour la pensée. Du moins, à ce stade provisoire de la connaissance.

Malgré des modifications en profondeur, bien des concepts de la physique actuelle reposent sur des concepts plus élémentaires et fondamentaux qui restent obscurs et sont source de difficultés : ainsi celui de champ (quantique) autour d'un point singulier. Il est vrai que tous les concepts en Physique (et dans toute science), même ceux dont les contenus sont les plus précis, n'ont jamais été, et ne seront jamais que nos créations mentales. C'est pourquoi d'ailleurs nous pourrons toujours les modifier pour approfondir notre appréhension du monde. On mesure en tout cas la perspicacité et la modernité de l'analyse critique d'un d'Alembert, qui comporte une dimension pascalienne : la Physique nous donne la clarté sur le monde par ses élaborations rationnelles tout en maintenant au fond de celles-ci des zones d'ombre.[20]

Bibliographie

D'Alembert, Jean Le Rond : 1743, *Traité de dynamique*, Paris, 2ème éd., modif. et augm., David, Paris, 1758.

D'Alembert, Jean Le Rond : 2000, *Discours préliminaire de l'Encyclopédie*, Introduit et annoté par Michel Malherbe, Vrin, Paris.

D'Alembert, Jean le Rond : 1758, *Essai sur les éléments de philosophie ou sur les principes des connaissances humaines*, Paris, in *Oeuvres philosophiques, historiques et littéraires de d'Alembert*, vol. 2, Bastien, Paris, 1805 (suivi des *Eclaircissements*), Ré-éd. par Richard N. Schwab, Olms Verlag, Hildesheim, 1965.

Auerbach Erich : 1968, *Mimésis, La représentation de la réalité dans la littérature occidentale*, trad. de l'allemand par Cornélius Heim, Gallimard.

Bachelard Gaston : 1953, *Le Matérialisme rationnel*, Presses Universitaires de France, Paris.

Cassirer Ernst : 1923-1929, *Philosophie der symbolischen Formen*, 3 vols, 1923, 1924, 1929. Engl. transl. by R. Manheim, *Philosophy of Symbolic Forms*, 3 vols., Yale University Press, New Haven (USA), 1953, 1955, 1957. Trad. fr. par Ole Hansen-Love, Jean Lacoste et Claude Fronty, *La philosophie des formes symboliques,* Collection « Le sens commun », Minuit, Paris, 3 vols., 1972.

---

[20] Dans ce travail, j'ai pris mes exemples pour la physique (physique classique et relativiste) dans une période bien postérieure à celle considérée dans ce Colloque, car l'analyse m'en était plus facile en ce qui concerne mon propos. Mais la période de l'histoire des sciences étudiée principalement dans ce Colloque fournirait également des arguments dans le même sens. C'est du moins ce que j'ai pu entrevoir dans d'autres études, par ex. Paty 2007, aussi bien qu'en écoutant les communications à ce Colloque.

Cavaillès Jean : 1947, *Sur la logique et la théorie de la science* (rédigé en 1942, 1ʳᵉ éd., 1947), 3è éd., Vrin, Paris, 1976, également dans Cavaillès, Jean, *Oeuvres complètes de philosophie des sciences*, Hermann, Paris, 1994.

Costa Newton da : 1993, *Logiques classiques et non classiques : Essai sur les fondements de la logique*, Masson, Paris

Diderot Denis & d'ALEMBERT, Jean le Rond (dir.) : 1751-1780, *Encyclopédie ou Dictionnaire raisonné des sciences, des arts et des métiers*, 17 vols + 11 vol. de planches, Briasson, David, Le Breton et Durant, Paris.

Euler Leonhard : 1750, Découverte d'un nouveau principe de méchanique, *Mémoires de l'Académie des Sciences de Berlin*, **6** (1750), 1752, pp. 185-217. Repris dans L. E., *Opera Omnia*, series 2 : *Opera mechanica et astronomica*, vol. 5, éd. par Joachim Otto Fleckenstein, Lausanne, 1957, pp. 81-109.

Galilée Galileo : 1638, *Discorsi e dimostrazioni mathematiche in torno di due nuove scienze*, Leyde, ré-éd., avec introd; et notes, par A. Carugo et L. Geymonat, Boringhieri, 1958. Trad. fr. par Maurice Clavelin, *Dialogues sur deux sciences nouvelles*, trad. A. Colin, Paris, 1970.

Hilbert David : 1899, *Grundlagen der Geometrie*, Teubner, Stuttgart. Trad. angl. par Leo Unger, *Foundations of geometry*, 2ᵉ éd. angl. rev. et augm. par Paul Bernays, Open Court, La Salle (Ill.), 1971; 1980, 1988 (2ème éd.). Trad. fr. (éd. critique) par Paul Rossier, *Les fondements de la géométrie*, Dunod, Paris, 1972.

Hume David : 1748, *Philosophical Essays Concerning Human Understanding*, A. Millar, London, 1748 ; repris sous le titre *Enquiry Concerning Human Understanding*, London, 1758. *In* Hume, David, *Philosophical Works*. Edited by T.H. Green and T.H. Grove, Green, Longmans,1874-1875.

Leibniz Gotfried, Wilhelm : 1703, *Nouveaux Essais sur l'Entendement humain*, in Gerhardt, C. (ed.), *Die Philosophischen Schriften von G. W. Leibniz*, Berlin, 1875-1890, 7 vols.

Newton Isaac : 1687, *Philosophiae naturalis principia mathematica*, Londres, 1687; 2ème éd., 1713; 3ème éd., 1726, éditée avec des variantes par Alexandre Koyré et I.B. Cohen, Cambridge University Press, Cambridge, 1972. *Mathematical principles of natural philosophy*, trad. angl. (d'après la 3è éd.) par Andrew Motte (1729), rév. et éditée par Florian Cajori, University of California Press, Berkeley, 1934, ré-impr., 1962, 2 vols. Trad. fr. par Mme du Châtelet, *Principes mathématiques de la philosophie naturelle*, Paris, 2 vols., 1756 et 1759, ré-impr., fac-simile, Blanchard, Paris, 1966.

Paty Michel : 1977, *Théorie et pratique de la connaissance chez Jean d'Alembert*, Thèse de doctorat en philosophie, Université des Sciences Humaines, Strasbourg 2.

Paty Michel : 1993, *Einstein philosophe. La physique comme pratique philosophique*, Presses Universitaires de France, Paris.

Paty Michel : 1998, *D'Alembert ou la raison physico-mathématique au siècle des Lumières*, Collection « Figures du savoir », Les Belles Lettres, Paris, 2ᵉ tirage: 2004.

Paty Michel : 1999, La création scientifique selon Poincaré et Einstein, *in* Serfati, Michel (éd.), *La recherche de la vérité*, Coll. « L'Ecriture des Mathématiques », ACL-Editions du Kangourou, Paris, p. 241-280.

Paty Michel : 2001, D'Alembert, la science newtonienne et l'héritage cartésien, *Corpus* (revue de philosophie, Paris), n°**38** : *D'Alembert* (éd. par Markovitz, Francine et Szczeciniarz, Jean-Jacques), 19-64.

Paty Michel : 2004a, Genèse de la causalité physique, *Revue Philosophique de Louvain* (Louvain-la-Neuve, Be), 102, n°**3**, 417-446.

Paty Michel : 2004b, L'élément différentiel de temps et la causalité physique dans la dynamique de Alembert, *in* Morelon, Régis & Hasnawi, Ahmad (éds.), *De Zénon d'Elée à Poincaré, Recueil d'études en hommage à Roshdi Rashed*, Editions Peeters, Louvain (Be), pp. 391-426.

Paty Michel : 2004c, Nouveauté et émergence dans la quête des fondements, *Principia, Revista de Epistemologia* (UFSC, Florianopolis, SC, Brésil), 8, n°**1**, 19-54.

Paty Michel : 2005, Des Fondements vers l'avant. Sur la rationalité des mathématiques et des sciences formalisées, *Philosophia Scientiæ* (Univ. Nancy 2/Kimé, Paris), **9** (2), 109-130.

Paty Michel : 2007, Rationalités comparées des contenus mathématiques. Sur les travaux de Roshdi Rashed, ou : La philosophie dans le champ de l'histoire des sciences, *Dogma. Revue des revues. Epistémologie* (Revue électronique, Paris), 36 p. (Contribution au *Colloque des Sciences Arabes*, Damas (Syrie), 1-4 novembre 2002.).

Paty Michel : 2009a, 'Construction d'objet' et objectivité en physique quantique, *Revista de la Academia Colombiana de Ciencias* (Bogotá, Col.), 33, n°**126**, 61-77. (Conférence de réception comme Membre correspondant).

Paty Michel : 2009b, On the Today Understanding of the Concepts and Theory of Quantum Physics: A Philosophical Reflection, in Cattani, M.S.D., Crispino, L.C.B., Gomes, M.O.C. & Santoro, A.F.S. (eds.), *Trends in Physics. Festschrift in Homage to Prof. José Maria Filardo Bassalo*, Livraria da Física, São Paulo, pp. 209-235.

Paty Michel : 2010, Réflexions sur la philosophie de l'espace selon Gilles-G. Granger, et sur la physique contemporaine : En quel sens la pensée physique peut-elle dépasser le concept d'espace ? in Soulez, Antonia (éd.), *La Pensée de Gilles-Gaston Granger*, Hermann, p. 95-133.

Poincaré Henri : 1899, La logique et l'intuition dans la science mathématique et dans l'enseignement, *L'Enseignement mathématique* **1**, 157-162 ; repris dans Henri Poincaré, *Oeuvres*, Gauthier-Villars, Paris, 11 vols., 1916-1965, vol. 11, pp. 129-133.

Poincaré Henri : 1916-1965, *Oeuvres*, Gauthier-Villars, Paris, 11 volumes.

Roméro Chacon, Angel Enrique: 2007, *La Mécanique d'Euler. Prolégomènes à la pensée physique des milieux continus (concepts et principes physiques, et analytisation mathématique)*, Thèse de doctorat en épistémologie et histoire des sciences, Université Paris 7- Diderot.

Quantification, unité et identité dans la philosophie d'Ibn Sīnā

Shahid Rahman[a], Zaynab Salloum[a,b]

a. Savoirs, Textes, Langage (STL), UMR 8163, Université de Lille 3
b. Faculté de Sciences, Département de Mathématiques, Université Libanaise
shahid.rahman@univ-lille3.fr ; salloum@ul.edu.lb

Résumé. Nous allons montrer que: l'étude d'Ibn Sīnā sur l'interaction entre l'identité et la quantification du sujet et du prédicat peut être exprimée dans un cadre formel moderne à l'aide de la notion de quantification restreinte ; Ibn Sīnā étudie la constitution des classes d'équivalence.

Mots Clés : Ibn Sīnā ; logique ; identité; l'Un ; quantification restreinte ; équivalence.

1. Introduction

Dans un excellent article récent, Ahmad Hasnawi ([6]) a élucidé la notion de la quantification du prédicat chez Ibn Sīnā. Le présent papier, qui porte sur l'interaction entre la quantification des prédicats et l'identité dans la philosophie avicennienne, peut être pensé comme une continuation de la ligne de recherche établie par le travail de Hasnawi. Cette étude suggère une nouvelle lecture des formes traditionnelles de quantification universelle et existentielle dans le cadre du syllogisme. Plus précisément, nous voudrions montrer que la présentation et l'approche d'Ibn Sīnā de l'interaction entre identité et quantifications du sujet et du prédicat peut être exprimée dans un cadre formel moderne à l'aide de la notion de quantification restreinte. Nous montrerons aussi, à l'aide des exemples tirés du *Livre de la Science* et *de la Métaphysique d'al-Shifā'*, que notre auteur étudie la constitution des classes d'équivalence. Ibn Sīnā lui-même semble donner une importance mineure à la quantification du prédicat. Cependant, nous suggérons dans cette étude que la quantification du prédicat a un rôle crucial dans la compréhension du concept d'unité et des nombres chez Ibn Sīnā.

2. Identité et Quantification

Dans le deuxième chapitre du troisième livre de *la Métaphysique d'al-Shifā'*, Ibn Sīnā distingue différentes acceptions de la notion de l'Un. En effet, Ibn Sīnā commence ce chapitre en indiquant que l'Un est une notion analogique qui

« s'attribue de façon équivoque à plusieurs intentions qui ont cela de commun qu'elles ne comportent pas de divisions en acte, en tant que chaque « Un » est ce qu'il est. Mais cette intention se trouve en eux [i.e. tous les uns] par priorité et postériorité[1]. »

Puis Ibn Sīnā divise l'Un entre l'Un par accident, en signalant quelques exemples, et l'Un par essence où il montre ses divisions [générique; spécifique; par différence; par comparaison; par sujet; numérique]. Ibn Sīnā divise aussi l'Un numérique en quatre sortes: Un par continuité; Un par espèce; Un à cause de son espèce et Un à cause de son essence. L'Un générique varie entre Un par genre prochain et Un par genre éloigné. L'Un spécifique peut être une espèce prochaine ou une espèce éloignée. Ibn Sīnā signale aussi l'Un par égalité, cet Un

« résulte d'un certain rapport, par exemple l'état de navire par rapport au capitaine et l'état de la ville par rapport au roi sont un. Ce sont là deux états qui coïncident et leur unité n'est pas accidentelle mais l'unité de ce qui s'unit en eux accidentellement, je veux dire l'unité de navire et de la ville en eux est une unité par accident[2]. »

En plus de son travail sur les divisons de l'Un, Ibn Sīnā, dans le pur style néo-platonicien, donne une classification des différentes acceptions par ordre de *dignité* et de *mérite*. Ce classement débute avec l'Un numérique qui est plus digne de l'unité que l'Un spécifique. En revanche, l'Un spécifique mérite l'unité plus que l'Un générique qui, à son tour, est plus digne de l'Un selon le rapport.

« Il te sera facile de là de savoir que nous avons vérifié les divisions de l'un; d'après ce que tu sais, tu peux juger laquelle est la plus digne de l'unité et laquelle le mérite le mieux. Tu sauras que l'un génériquement est plus digne de l'unité que l'un selon le rapport et que l'un spécifique est plus digne que l'un générique, que l'un numérique est plus digne que l'un spécifique. Le

---

[1] *La Métaphysique d'al-Shifā'*, Livre 3, Chapitre 2, [3], p. 160. Le texte arabe se trouve dans Avicenna, Metafisica, La scienza dell cose divine [5], p. 228:

إن الواحد يقال بالتشكيك على معان تتفق في أنها لا قسمة فيها بالفعل من حيث كل واحد هو هو، لكن هذا المعنى يوجد فيها بتقدم و تأخر.

[2] *La Métaphysique d'al-Shifā'*, Livre 3, Chapitre 2, [3], p. 163. Le texte arabe se trouve dans Avicenna, Metafisica, La scienza dell cose divine [5], p. 238:

و أما الواحد بالمساواة فهو بمناسبة ما، مثل أن حال السفن عند الربان و حال المدينة عند الملك واحدة، فإن هاتين حالتان متفقتان و ليس وحدتهما بالعرض، بل وحدة يتحد بهما بالعرض، أعني وحدة السفينة و المدينة بهما هي وحدة بالعرض. أما وحدة الحالتين فليست الوحدة التي جعلناها وحدة بالعرض.

simple qui ne se divise d'aucune manière est plus digne que le composé, et parmi ce qui se divise, le parfait est plus digne que l'inachevé[3]. »

Donc, l'Un, selon Ibn Sīnā, est de deux sortes[4] :

1. Soit dans sa nature, sous aucun aspect, il n'y a pas de multiplicité comme Dieu et le point géométrique.
2. Soit Un sous un aspect et multiple sous un autre aspect. Cet Un se dit des choses particulières, soit par accident soit par essence.

Le premier aspect de l'Un, l'Un dans la nature, semble être lié à l'unité d'un objet; lui-même lié peut-être au concept de l'existence d'un objet. Le second aspect de l'Un est l'Un par accident;

والواحد بالعرض هو أن يقال في شيء يقارن شيئاً آخر، أنهما هو الآخر، وأما واحد. وذلك إما موضوع ومحمول عرضي، كقولنا: إن زيداً وابن عبد الله واحد، وإن زيداً والطبيب واحد؛ وإما محمولان موضوع، كقولنا: الطبيب هو وابن عبد الله واحد، إذ عرض أن كان شيء واحد طبيباً وابن عبد الله؛ أو موضوعان في محمول واحد عرضي، كقولنا: الثلج والجص واحد، أي في البياض، إذ قد عرض أن حمل عليهما عرض واحد.[5]

En effet; c'est que l'on dit d'une chose qui accompagne une autre et les deux étant une seule et même chose. Ibn Sīnā distingue trois cas :

Premier cas. Un sujet et un prédicat accidentel, comme par exemple:

Zayd et le médecin sont un ou

---

[3] *La Métaphysique d'al-Shifā'*, Livre 3, Chapitre 2, [3], p. 164. Le texte arabe se trouve dans Avicenna, Metafisica, La scienza dell cose divine [5], p. 240:

فيكون سهلاً عليك من هذا الموضع أن تعرف أنا قد حققنا أقسام الواحد، و أنت تعرف مما قد عرفت أيها أولى بالوحدة و أسبق استحقاقاً لها، فتعرف أن الواحد بالجنس أولى بالوحدة من الواحد بالمناسبة، و أن الواحد بالنوع أولى من الواحد بالجنس، و الواحد بالعدد أولى من الواحد بالنوع، و البسيط الذي لا ينقسم بوجه أولى من المركب، و التام من الذي ينقسم أولى من الناقص.

[4] Nous sommes arrivés à préciser les différentes divisions de l'Un, faites par Ibn Sīnā, à partir de deux textes :
- *Le Livre de science, Métaphysique*; [1], p. 121-125.
- *La Métaphysique d'al-Shifā'*, Livre 3, Chapitre 2, [3], p. 160-164.

[5] Avicenna, Metafisica, La scienza dell cose divine [5], p. 228. La traduction française se trouve dans *La Métaphysique d'al-Shifā'*, Livre 3, Chapitre 2, [3], p. 160:

« L'Un par accident, c'est que l'on dit de quelque chose qui accompagne une autre qu'elle est l'autre et qu'ils sont tous les deux un. Cela : soit dans le cas d'un sujet et d'un prédicat accidentel comme quand nous disons : Zayd et Ibn 'Abdallah sont un ou Zayd et le médecin sont un ; ou bien deux prédicats d'un sujet comme quand nous disons : le médecin et Ibn 'Abdallah sont un parce qu'il arrive à une seule et même chose d'être médecin et Ibn 'Abdallah ; ou bien deux sujets dans un prédicat accidentel comme quand nous disons : la neige et le gypse sont un à savoir dans la blancheur car il arrive qu'on leur attribue un même accident. »

> Zayd et Ibn 'Abdallah sont un.

Deuxième cas. Deux prédicats d'un sujet, comme par exemple:

> Le médecin et Ibn 'Abdallah sont un.

Troisième cas. Deux sujets dans un prédicat accidentel, comme par exemple:

> La neige et le camphre sont un en blancheur.

Selon notre point de vue, les deux premiers exemples peuvent être formulés à partir des formalisations modernes comme une interaction entre l'identité et la quantification restreinte[6].

Il est important de remarquer qu'Ibn Sīnā est l'un des premiers à étudier de manière exhaustive la quantification du prédicat et la quantification multiple. Dans la logique moderne, la quantification multiple provient de l'utilisation des prédicats de n-places. Ibn Sīnā étudie quelques cas de relation ayant, nous semble-t-il, la structure du sujet-prédicat. Cependant, si notre reconstruction de l'interaction entre la quantification et le concept d'unité est correcte, on a besoin au moins de prédicats ayant deux places, comme par exemple la relation binaire *x étant un avec y*. En fait, nous pensons que les raisons pour lesquelles Ibn Sīnā s'intéresse aux quantifications multiples, pourraient être liées à son point de vue sur les relations et sur les catégories d'Aristote.

Wilfrid Hodges, lors d'une correspondance sur la question, a précisé qu'il est important de relever l'utilisation de l'identité non seulement dans la Métaphysique d'Ibn Sīnā mais aussi dans ses œuvres logiques. En effet, comme nous le verrons ci-dessous, notre auteur utilise le syllogisme qui comprend les relations d'identité et d'équivalence mais aucune théorie de l'égalité n'est exposée. Une façon donc d'envisager notre reconstruction est d'employer la théorie de l'égalité exposée dans la Métaphysique et de l'appliquer aux syllogismes dans lesquels Ibn Sīnā se sert de l'identité en supposant la quantification du prédicat. Ibn Sīnā discute la transitivité de l'égalité dans *Qiyās* i.6 (d'après la traduction de W. Hodges[7]) :

Ainsi, C est égal à B et B est égal à D, donc C est égal à D.

En outre, dans son autobiographie notre auteur affirme qu'il a reconstitué toutes les étapes d'inférence de la géométrie d'Euclide. Cela nécessite certainement une utilisation fréquente de la logique de l'égalité. Plusieurs syllogismes dans les œuvres logiques d'Ibn Sīnā qui font intervenir l'identité n'ont pas tous été compilés.

---

[6] Il est certain que l'approche est anachronique dans le sens où nous utilisons les quantificateurs et la théorie des ensembles. Toutefois, nous parlons strictement d'une sorte de domaine du discours et d'expressions de quantification.

[7] La traduction d'une partie des œuvres logiques d'Ibn Sīnā est disponible sur le site de Hodges : http://wilfridhodges.co.uk/

Nous en citons deux qui sont très proches des exemples de la Métaphysique que nous discuterons ci-dessous.

Dans *Qiyās* 472.15f ; on lit :

Zayd est cette personne qui s'assied, et
cette personne qui s'assied est blanche.
Alors, Zayd est blanc.

Le syllogisme discuté dans *Qiyās* 488.10 est probablement destiné à être lu comme une identité aussi:

Le plaisir est B.
B est bon.
Par conséquent le plaisir est bon.

Après ces préliminaires, étudions à présent la théorie métaphysique de l'égalité chez Ibn Sīnā en commençant par le premier exemple du premier cas :

(i) *Zayd et le médecin sont un*

Zayd, selon Ibn Sīnā, est un terme singulier dont le sens est tel qu'il est impossible que l'esprit le rende commun à plusieurs significations.

إما أن يكون معناه بحيث يمتنع في الذهن إيقاع الشركة فيه، أعنى في المحصل الواحد المقصود به، كقولنا زيد، فإن لفظ زيد، وإن كان قد يشترك فيه كثيرون، فإنما يشتركون من حيث المسموع؛ وأما معناه الواحد فيستحيل أن يجعل واحد منه مشتركا فيه؛ فإن الواحد من معانيه هو ذات المشار إليه، وذات هذا المشار إليه يمتنع في الذهن أن يجعل لغيره.[8]

Un tel terme a clairement, quand il est utilisé, une signification précise, qui appartient uniquement à cet objet désigné. Par conséquent, nous pouvons reformuler (i).

(i') Il y a exactement un élément de l'ensemble des médecins qui est lui-même un homme nommé *k* (*Zayd*).

Formellement[9]

---

[8] *Al-Shifā'*, *Al-Madkhahl* [2], p. 26-27. En français :

« Ou son signification est tel que l'esprit s'abstient de tomber dans l'ambiguïté; je veux dire une signification précise, qui appartient uniquement à cet objet désigné, comme si nous disons Zayd; puisque le terme Zayd; même qu'il est commun à plusieurs personnes; mais ce qui est commun est le nom du point vu auditif –même prononciation-; alors que son signification unique dont le sens est tel qu'il est impossible que cette signification désigne un autre; puisque sa signification unique est ce qui est désigné; et ce qui est désigné, l'esprit s'abstient à l'attribuer à un autre objet. »

[9] Dans cet article on adoptera les conventions de notation suivantes:

$$\exists\, y_{\{y \in M\}}\; y = k_{\{k \in H\}} \quad \text{(où } \exists \text{ est le quantificateur existentiel)}$$

Le deuxième exemple déploie *Ibn 'Abdallah* comme un prédicat accidentel : *fils de 'Abdallah*. Ainsi, l'exemple

(ii) *Zayd et Ibn 'Abdallah sont un*

donne

$$\exists y_{\{y \in I\}}\; y = k_{\{k \in H\}} \quad \text{(où I est l'ensemble des fils de } \textit{'Abdallah}\text{)}$$

Dans le deuxième cas, Ibn Sīnā donne un exemple de deux prédicats pour un même sujet :

(iii) *Le médecin et Ibn 'Abdallah sont un*

Les deux prédicats en jeu sont "*être un médecin*" et "*être le fils de 'Abdallah*". En utilisant les mêmes notations comme avant, nous obtenons :

$$\exists x_{\{x \in M\}} \exists y_{\{y \in I\}}\; x = y.$$

Ces formulations donnent une nouvelle reconstruction des formes syllogistiques traditionnelles, qui permettent d'éviter l'implication matérielle et implémentent la quantification des deux, le sujet et le prédicat:

Forme universelle-A:

$\forall x_{\{x \in M\}} \exists y_{\{y \in H\}}\; x = y$ (=: *Chaque médecin est un être humain*, c.à.d., pour chaque individu x qui est membre de la classe des médecins, il y a au moins un individu y de la classe des êtres humains tels que $y = x$).

Forme universelle-E:

$\forall x_{\{x \in M\}} \neg (\exists y_{\{y \in H\}}\; x = y)$ (=: *Aucun médecin n'est un être humain*)

Forme existentielle-I:

Les symboles « I », « H » et « M » désignent dans le domaine du discours respectivement l'ensemble des *fils d'Abdallah*; des *êtres humains* et des *médecins*.

L'interprétation du terme singulier k dénote un élément du domaine du discours, notamment l'individu *Zayd* (et pas le nom « *Zayd* »!).

L'interprétation des termes singuliers n et c dénote des objets du domaine du discours pour une logique d'ordre supérieur, notamment les propriétés d'*être neige* et d'*être camphre*.

Les souscrits des quantificateurs existentielles $\exists$ (=: *quelque(s) y*) et universelles $\forall$ (=: *tous les x*) tels que $\exists x_{\{x \in H\}}$ ou $\forall x_{\{x \in M\}}$ indiquent que la valeur de la variable porte sur le domaine (restreint) des hommes ou le domaine des médecins.

$\exists x$ est le quantificateur existentiel.

$\approx_E$ est l'équivalence utilisée modulo une propriété E bien déterminée selon le contexte.

$\wedge$; $\rightarrow$ et $\neg$ sont respectivement les connecteurs binaires: conjonction; implication matérielle et négation.

$\exists x_{\{x \in M\}}(\exists y_{\{y \in H\}}\ x=y)$ (=: *Au moins un médecin est un être humain*)

Forme existentielle-O:

$\exists x_{\{x \in M\}}\neg(\exists y_{\{y \in H\}}\ x=y)$ (=: *Au moins un médecin n'est pas un être humain*)

3. Classes d'équivalence

3.1. L'Un et la modularité

Dans les trois cas mentionnés ci-dessus, il semble qu'Ibn Sīnā définit des classes d'équivalence. Supposons, par exemple, que les seuls prédicats d'une langue donnée sont *être une fleur* et *être un médecin* et nous avons comme axiome : *aucun médecin n'est une fleur*. Ce langage ne peut pas distinguer parmi les fleurs puisque cette langue n'a pas de prédicat qui distingue une fleur d'une autre. Ainsi, nous pourrions interpréter ici $x=y$ comme une relation d'équivalence *x est dans la même classe que y*. Cette relation d'équivalence n'est certainement pas l'égalité. Mais, l'interprétation de = comme étant quelque chose de moins que l'égalité complète peut suffire pour une langue, et même pour une substitution. En effet, si la désignation de deux termes singuliers a et b est valable du point de vue des prédicats dans un langage alors toute proposition est vraie si on dit a est vrai si et seulement si b est vrai modulo un prédicat:

$$a \approx_{LP} b \rightarrow (\varphi(a) \text{ ssi } \varphi(b))$$

(où LP signale que l'identité est déployée modulo les prédicats de la langue)

Retournons maintenant à Ibn Sīnā en faisant notre propre analyse :

(iii)   *Neige et camphre sont un en blancheur.*

En fait, Ibn Sīnā parle de deux sujets, camphre et neige, auxquels on associe le même prédicat *être blanc*. Nous prenons des termes qui ne désignent pas des individus mais des propriétés. C'est une sorte de langage d'ordre supérieur. Tout d'abord, soit un langage où n désigne la propriété d'*être neige* et c la propriété d'*être camphre*. Nous pouvons formuler (iii) de la manière suivante:

(iv) $n \approx_B c$

(où B signale que n et c sont considérés comme étant un modulo la propriété *être blanc*)

Nous pouvons même formuler une sorte de règle pour la construction de classes d'équivalence. Une règle qui peut être semblable à une sorte de règle de substitution inverse:

(v) $(Bn \wedge Bc) \rightarrow n \approx_B c$

Si nous supposons que la métaphysique d'Ibn Sīnā le ferait hésiter à signaler des propriétés, on peut aussi donner une formulation en premier ordre:

(iv') $\forall x_{\{x \in N\}} \forall y_{\{y \in C\}}\, x \approx_B y$

(Toutes les choses qui sont de la neige, ou du camphre ne peuvent pas être distinguées par la relation *être blanc* ou encore sont équivalentes modulo "*être blanc*")

(v') $\forall x_{\{x \in N\}} \exists y_{\{y \in B\}} \forall z_{\{z \in C\}} \exists w_{\{w \in B\}}\, ((x=y \wedge z=w) \rightarrow (x \approx_B z))$

(Toutes ces choses qui sont de la neige, sont blanches et toutes ces choses qui sont du camphre sont blanches, alors ces choses sont tous égales modulo "*être blanc*")

3.2. La Construction des classes

Un trait crucial de la théorie d'Ibn Sīnā est que sa méthode pour la constitution des classes d'équivalence consiste à restreindre cette constitution par la considération des classifications ontologiques. Ibn Sīnā inclut dans ce sens les cas suivants :

لكن الواحد الذي بالذات، منه واحد بالجنس، ومنه واحد بالنوع وهو الواحد بالفصل، ومنه واحد بالمناسبة، و منه واحد بالموضوع، ومنه واحد بالعدد.[10]

Mais l'un qui est par essence, il s'en trouve qui est un génériquement, un autre spécifiquement qui est l'un par différence, un autre qui est un par comparaison, un autre un par sujet et un autre un numériquement[11].

[a.] Un selon le genre [*wāhid biljins*], comme par exemple:
L'homme et le cheval sont un par l'animalité.

[b.] Un selon l'espèce [*wāhid bilnaw^c*], comme par exemple :
Zayd et Amr sont un en humanité.

[c.] Un selon la relation [*wāhid bilmunāsaba*], comme par exemple :
Le rapport du souverain à la cité et le rapport de l'âme au corps sont un.

[d.] Un selon le sujet [*wāhid bilmawdu^c*], comme par exemple :
Le blanc et le doux sont un, comme le sucre. En réalité ils sont deux mais ils sont un en sujet.

[e.] Un selon le nombre [*wāhid bil^cadad*].

Permettez-nous de modifier légèrement les exemples de la manière suivante:

[a.] Prenons par exemple le cas d'*être humain Alexandre* et le cas du *cheval bicéphale*. Nous pouvons donc constituer la classe d'équivalence au moyen du genre. Dans notre exemple, le genre *être un animal*.

---

[10] Avicenna, Metafisica, La scienza dell cose divine [5], p. 228.
[11] La traduction française du passage cité ci-dessus se trouve dans *La Métaphysique de al-Shifā'*, Livre 3, Chapitre 2, [3], p. 160.

[b.] Nous pouvons également constituer une classe d'équivalence au moyen de l'espèce. Par exemple *Zayd* et *Amr* ne peuvent pas être distingués en tant que membres d'une même espèce, *l'espèce des êtres humains*.

[c.] Nous pouvons constituer une classe à l'aide d'une relation. Par exemple, prenons la relation binaire: *x gouverne y*. Dans ce cas, les deux crochets suivants <Caesar, Rome> et <l'esprit d'Einstein, le corps d'Einstein> ne peuvent pas être distingués.

Remarque : Notre version des exemples d'Ibn Sīnā qui emploie des relations à deux places, est en fait rejetée. Cependant, on pourrait rendre une version plus sophistiquée où les relations à n-places sont reformulées comme des relations à une place telles que celles utilisées aujourd'hui dans la théorie de la représentation du discours[12]. Pour capturer cette caractéristique de l'analyse logique de notre auteur nous suggérons dans la conclusion une approche s'appuyant sur des quantificateurs généralisés. Ibn Sīnā considère séparément des relations plus complexes telles que:

[d.] *x est une propriété d'un objet déterminé y*. A cause de la difficulté de l'exemple, prenons pour l'objet en question un morceau déterminé du sucre, que nous appelons k. Dans ce cas, la paire < *être doux, k* > et la paire < *être blanc, k* > ne peuvent pas être distinguées modulo *être propriété de k*[13].

[e.] *k est le nom de l'objet y*. Nous n'avons ici aucune autre explication de notre auteur. Nous devons alors supposer que soit Ibn Sīnā a utilisé des noms «ambigus » ou sinon nous sommes en présence de la constitution de la classe d'équivalence qui a seulement un élément. La première possibilité rend indistinguable les paires où le même nom est attribué à différents objets. C'est l'interprétation d'un terme comme k n'est pas une fonction mais une relation telle que <*k, y*> et <*k, z*>. Le deuxième cas donne l'*égalité* (*k=y*) et non pas seulement l'indiscernabilité dans le contexte d'une classe d'équivalence.

---

[12] En effet, les prédicats à n-places et le prédicat du second ordre peuvent être intégrés (probablement) dans le langage formel d'Ibn Sīnā de la façon suivante : un prédicat A(imer) comme *Zayd aime Fatima* peut être traité comme une expression qui, lorsqu'il est appliqué à un individu déterminé désignant un élément du domaine des êtres humains, résulte un prédicat à une seule place. Ce prédicat à une place exprime la propriété d'aimer l'individuel désigné (*: Fatima*). Prenons maintenant le résultat de cette opération, notamment le prédicat *aimer Fatima* comme un nouveau prédicat, soit *Af*. Et ce prédicat peut à son tour être appliqué à l'individu qui désigne *Zayd*, à la suite de laquelle nous avons une formule qui dit que la personne désignée par *k* (*: Zayd*) a la propriété de "*aimer l'individu f (Fatima)*". Les prédicats du second ordre peuvent être exprimés d'une façon similaire. Prenons un prédicat du second ordre à une place, comme *Rouge est une couleur*. Le prédicat *C(ouleur)* est traité comme une expression qui, lorsqu'il est appliqué à un élément du domaine, donne un prédicat d'une seule place *R(ouge)* qui résulte en une formule exprimant la proposition *Rouge est une couleur*. C'est donc une construction d'un prédicat du premier ordre *R(ouge)* et ensuite nous avons *R est une couleur*.

[13] L'idée d'examiner l'interaction entre les prédicats (qui expriment des propriétés) et des sujets de prédication comme classes d'équivalence suggèrent de nouvelles recherches sur la notion de prédication chez Ibn Sīnā. Cependant ce travail n'a pas comme objet cette étude.

Comme nous avons déjà mentionné, l'utilisation du genre et de l'espèce peut aider à normaliser l'utilisation des règles de substitution. Si deux noms sont indiscernables par rapport à l'espèce, " être humain ", alors nous pouvons substituer l'un à l'autre. Ainsi, si *Zayd* et *Amr* sont indiscernables modulo être un être humain, alors *Zayd est un animal ssi Amr l'est aussi*.

4. Conclusion

Ce travail donne une idée de la profondeur de la philosophie et de la logique d'Ibn Sīnā. Il reste encore un grand travail à faire sur la relation entre l'identité et l'existence dans le contexte de la théorie des nombres chez Ibn Sīnā, ainsi que sur la théorie de l'interaction entre l'identité et la quantification, en se basant sur l'analyse des travaux de Hasnawi.

Récemment, on est parvenu à l'idée qu'Aristote n'a pas la notion de quantificateurs dans le sens classique mais plutôt de *déterminateurs*, qui peuvent être formulés par des *quantificateurs généralisés*, qui sont une sorte d'opérateurs dépendant du domaine. En conséquence, *Chaque A est un cas de B* donne la relation dyadique *(Chaque A) (est un cas de) B*": $(\forall x:A)B$. Cela est vrai si et seulement si l'ensemble des éléments du domaine du discours (du contexte ou modèle) qui satisfont A est inclus dans l'ensemble de ceux qui satisfont B. Nous avons certainement aussi le cas monadique : *(Tout) est un cas de A*. Cela est vrai si et seulement si l'ensemble des éléments du domaine du discours (du contexte ou modèle) qui satisfont A est exactement le même que le domaine du discours. Dans ce contexte, on pourrait comprendre la notion d'égalité chez Ibn Sīnā comme un développement naturel de la notion de quantificateur généralisé d'Aristote. Cette formulation correspond beaucoup mieux à la structure sujet-prédicat de la logique traditionnelle. Nous sommes impatients d'explorer ces questions dans de nouvelles recherches.

Bibliographie

[1] Avicenne, *Le livre de la Science*, traduit par Mohammad Achena et Henri Massé, Collection Unesco d'œuvres représentatives, Les belles lettres/Unesco, 1955, I et II.

[2] Avicenne, *Al-Shifā', Isagogè*, éd. I. Madkour, M. El-Khodeiri, G. Anawati, F. El-Ahwani. Préface de Taha Husseine, Le Caire, 1952.

[3] Avicenne, *La Métaphysique du Shifā'*, Livres I à V, Introduction, traduction et notes par Georges C. Anawati, J. Vrin, Paris, 1978.

[4] Avicenne, *Al-Ishārāt w al-Tanbīhāt*, 4 volumes, éd. S.Duniā, Le Caire, 1971.

[5] Avicenna, *Metafisica*, éd. Olga Lizzini, Bompiani Il pensiero occidentale, Milano, 2006.

[6] Hasnawi A., *Avicenna on the Quantification of the Predicate* (with an Appendix on [IbnZur'a], *The Unity of Science in the Arabic Tradition*, éd. S. Rahman, T. Street, H. Tahiri, Springer, Dordrecht, Volume 11, Part II, pp. 295-328, 2008.

[7] Rahman S., T. Street, H. Tahiri (eds.), *The Unity of Science in the Arabic Tradition: Science, Logic, Epistemology and their Interactions Springer*, Dordrecht, Volume 11, 2008.

Mathematical Modernity: Descartes and Fermat[1]

Roshdi Rashed
Directeur de recherche émérite au CNRS
Professeur Honoraire à l'Université de Tokyo

Résumé. Qu'entend-on par "modernité mathématique" au XVIIe siècle ? Peut-on saisir quand et comment ont été conçus les débuts modernes des mathématiques sans connaître les travaux des mathématiciens, entre le IXe st le XIIIe siècle tout au moins ? Pour répondre à cette question, on analyse ici les projets de Descartes dans sa *Géométrie* et les écrits de Fermat en géométrie algébrique, ainsi que ceux de leurs prédécesseurs al-Khayyām (1048-1131) et Ibn al-Haytham (mort après 1040).

Keywords: Curve, algebraic; conical; cylindrical (helix), cycloid; mechanical; measurable; Analysis and synthesis, diophantine analysis, perfect Compas, Compas of Descartes, geometrical construction.

"There is", writes Jules Vuillemin, "a close relationship though less apparent and more uncertain between Pure Mathematics and Theoretical Philosophy. The history of mathematics and philosophy shows that whenever there is a renewal of the methods of the former, it has an impact on the latter."[2] He mentions afterwards some famous examples: the discovery of the irrationals and Platonism; algebraic geometry and Descartes' metaphysics; the calculus and the principle of continuity in Leibniz's philosophy.

Emphasizing this relationship between mathematics and philosophy, and its role in the reconstitution of philosophical systems, mainly the greatest of them, is in no way the result of taking sides. It is a question of recalling, at the same time as a fact of history, a rule of the historical method. We should indeed return to the places where knowledge has been worked out unless we argue that the systems of the philosophers are simple "doctrines" nourished by each other, or rise in a pure and simple way of a solipsist reflection on the lived experience. It is there indeed

---
[1] This contribution is an English translation of the french paper published under the title « La modernité mathématique : Descartes et Fermat » in R. Rashed et P. Pellegrin (éd.), *Philosophie des mathématiques et théorie de la connaissance. L'Œuvre de Jules Vuillemin*, Collection Sciences dans l'histoire, Paris, Librairie A. Blanchard, 2005, pp. 239-252.
[2] L'Introduction à *La philosophie de l'algèbre*, Paris, PUF, 1962, p. 4.

that the philosophers draw their topics of thought and their models of argumentation, in order to work out true systems which they want coherent. This return is thus the first rule of the method. These places are, however, eminently historical, and even pure mathematics is registered in history. To forget this would be almost inevitably to yield to a transcendental illusion and to hoist what is provisional to the rank of what is definitive and essential. This is why much of the history of mathematics and sciences imposes itself on who wants to reconstitute the philosophical systems with all the necessary rigor and to find, as a philosopher this time, the main themes of theoretical philosophy. This is the second rule of the method. Among these places which inspire the philosophers, pure mathematics occupies a privileged place. They inherited this privilege from history – it is the oldest field of rational knowledge – as well as by right – it actually saw developing the most rigorous methods of argumentation.

In this paper, I will discuss the question of mathematical modernity starting from Descartes and his contemporaries, Fermat in particular. By "mathematical modernity", I understand the modern beginnings of mathematics, in particular towards the end of first half of the seventeenth century, in Western Europe. The whole question is to know where these modern beginnings are exactly placed and what their relationship with the heritage which was theirs is.

There still remains to distinguish between mathematical novelty and mathematical modernity. In the case of the latter, it is not enough anymore that the result – theorem or proposition – is new: it must moreover be that of a research program itself new. However, in less than one decade, between 1630 and 1640, one sees several mathematical programs declared. In 1634 Roberval engages research on a new transcendent curve, cycloid. Descartes and Fermat will not be long before joining him, and himself, four years later, in 1638, always followed later by the latter, finds the surface of an arch of the cycloid. The same year, he places the tangent at the cycloid by a kinematic method. Vincent Viviani and Evangelista Torricelli will find it independently a year later. This research on the transcendent curve, the most famous in the seventeenth century, inaugurates a geometrical analysis on transcendent functions, an analysis promised to the future that one knows. During this same decade, Descartes and Fermat had given methods to find the slope of the tangent at the point of x-coordinate of a given algebraic curve. In 1639, Florimond of Beaune required on the contrary a method making it possible to find the curve starting from a known algebraic relation between the x-coordinate of the point and the slope of the tangent in this point. Thus is posed the problem of the reverse tangents, and inaugurated as a result a new research in differential geometry. Always during this decade, and precisely in 1639 again, Desargues completes the famous *Brouillon Project*, which enriches research in projective geometry. It is still during these years, in 1640, that Fermat invents the method of the infinite descent, thus renewing the theory of numbers. Three years before, in 1637, Descartes' *Géométrie* has already appeared.

Such a multiplicity of fundamental works in such a short amount of time is a sufficiently singular phenomenon in history to deserve to be studied as such. But it is also important to locate each one with rigor in the history of mathematics. I limit myself here, for obvious reasons, to the principal domain studied by Descartes: Algebraic Geometry.

Is Descartes' *Géométrie* the effect of a new research program, and doest it comprise new results? If so, in what sense? These questions lead us, whether we like or not, to the history of geometry and algebra before Descartes; they also lead us to consider the evolution of his own thought between 1619 and 1637. There is a habit of focusing the representation of this history on two moments: Apollonius' *Conics* and Descartes' *Géométrie*. But, to comply with the rules of harmony, a purely geometrical book, namely the *Conics*, should then be "algebrised". Such is the way followed by the historians like M. Mahoney, and J. Dieudonné in the studies which he devoted to the algebraic geometry. Recent research renewed our knowledge of this history; by illuminating the reasons of the advent of the algebraic geometry, it at the same time made it possible to better locate the contribution of Descartes.

We now know indeed that during the tenth century, several mathematicians carried out the translation in terms of the new discipline, algebra, of certain geometrical problems plane as well as solid. Among these mathematicians, some thought of solving one or the other of the cubic equations obtained by the intersection of the two conical curves. But one still had to wait one half century passed before al-Khayyām (1048-1131) gave himself the theoretical means (unity of measure, dimension, geometrical calculation, etc) to work out a general theory and to thus found a new chapter of Algebra, whose object is the solution of third degree and biquadratic equations with the help of Geometry. In fact, al-Khayyām gave himself the theoretical means of a double translation: to bring back the geometrical solid problems to algebraic equations; to solve the irreducible algebraic equations of the third and fourth degrees by the intersection of two conical curves. If one wants to express this double translation by a formula, one could say that the birth certificate of algebraic geometry is at the meeting point of the algebra of the polynomials developed more than one century before al-Khayyām starting from the founder book of al-Khwārizmī, and research on the conic sections, undertaken since the middle of the ninth century with the help of Apollonius' *Conics*. This convergence which took place randomly in the tenth century for one or the other of the geometrical problems was systematized by al-Khayyām.

All the problem is thus to understand the reasons for this meeting, and why it occurred at this time and in this place. For that, it is necessary to start by recalling that it was done in relation to the constitution and the evolution of two groups of disciplines, throughout the two centuries which preceded al-Khayyām — reason for which several mathematicians former to al-Khayyām (Abū al-Jūd for example) have partially foreseen it. The first group of disciplines is that of the polynomial algebra and the theory of the algebraic equations. The second is composed of two geometrical chapters, the first relating to geometrical constructions by intersection of the conics. It is not any more, as in the old geometry, that of Eutocius for example, about isolated problems emerging in a sporadic way and solved by the intersection of curves, conical or others; there is this time a method to explore the field of the geometrical problems, solid in great majority, but possibly and also, could one say, unnecessarily, quadratic, that one builds using the *sole* conical curves, with the exception of all the others. Within the framework of this new chapter, certain mathematicians — Ibn al-Haytham for example — study, generally with care, the existence of the solutions and their number. This study undertaken by analysis and synthesis rests on the asymptotic and local properties of the conics, and in particular their contact.

Cultivated by the mathematicians from the middle of the ninth century, this new chapter became a field of active research with those of the second half of the tenth century — al-Qūhī, Ibn Sahl, al-Sijzī, Abū al-Jūd, al-Ṣāghānī, Ibn al-Haytham, among others, offering to the algebraists methods and techniques, and especially a new criterion of admissibility.[3] From now on construction using the conic sections is an acceptable construction in geometry, as well as that with the rule and the compass. This is undoubtedly a quantum leap. Moreover, these same geometricians who, during constructions, proceeded by geometrical transformations — similarity, translation, homothety, affinity... —, of which some will be borrowed by the algebrists, endeavoured to introduce the movement into the geometrical statements and demonstrations. It is not a question here of kinematic movement, but of geometrical movement, i.e. disregarding the time employed to achieve it. This continuous motion — displacement, rotation... — is carried out using one or the other instrument, and always reproducible in an exact way.

Al-Khayyām himself borrows the new criterion of admissibility as well as the techniques and the methods of geometrical constructions. He however continues to adhere to Aristotelian and Euclidean legitimacy, and consequently, unlike the majority of the geometricians who cultivated this new chapter, rejects the movement out of the borders of geometry. The little interest that he showed in the demonstration of the existence of the points of intersection allowed this rejection, since he had no need to explicitly pronounce on the curves themselves and their nature.

---

[3] See R. Rashed, *Les Mathématiques infinitésimales du IXe au XIe siècle*, 4 vol., London.

The second chapter of this second group of disciplines is akin to the theoretical and practical study of the procedures to reproduce the movement and thus to draw the conical curves. Indeed their drawing by points was already an object of research for a long time, that accelerated during the tenth century, but it is only at the end of this century that arises the problem of continuous drawing of all the curves used in algebra, optics and in the manufacture of the mirrors, lenses, astrolabes, sundials... Admittedly, the ellipse was drawn before by the method known as "of the gardener" (Anthemius of Tralles)[4], but it is only at the end of the tenth century that the problem of the continuous drawing was raised for itself, and in relation to a whole class of curves (quadratic curves), and of the invention of instruments necessary to its realization. However, if the mathematicians of the time began such a research, it is because, among other reasons, they had to make sure of the continuity of the curves. This last concept was essential indeed from them on during demonstration of the existence of the points of intersection of the curves, which was necessary to the constructions of geometricians, and with the solution by the algebraists of the cubic and biquadratic equations. But this research on the continuous drawing is not only theoretical; it was also necessary to design and work out new instruments, among which new kind of compasses such as the "perfect compass", capable of drawing straight lines, circles and conics.

However these studies were not long in leading to the main issue of the classification of the curves according to the type and number of movements which intervene in their drawing. Thus al-Qūhī, the first mathematician who composed a treatise on the perfect compass, distinguishes the curves drawn by the latter – the straight line, the circle and the three conics — and calls them "measurables", i.e. the likely ones to be studied by the theory of proportions. It is thus about plane curves generated by only one continuous motion — possibly by more than one movement, but of similar natures —, and to which the theory of the proportions is applied; which remains exact whatever the characterization of conics, by *"symptoma"* or *focus-directrix*. One younger contemporary of al-Qūhī, al-Sijzī, also classifies the curves according to the type and the number of the movements: the "measurable ones", like previously, and which are geometrical; those generated by two different continuous motions, which, without being neither "measurable" nor geometrical, but, according to him, only mechanical, are however "regular and ordered". As an example, he gives the cylindrical helix, which is a skew curve generated by a uniform rotation around an axis and a uniform translation parallel to the axis. The last class is that of the nonmeasurable curves, and which are neither regular nor ordered.[5]

---

[4] R. Rashed, *Les Catoptriciens grecs. I Les miroirs ardents*, édition, traduction et commentaire, Collection des Universités de France, Paris, Les Belles Lettres, 2000.
[5] R. Rashed, *Œuvre mathématique d'al-Sijzī*. Volume I: *Géométrie des coniques et théorie des nombres au Xe siècle*, Les Cahiers du Mideo, 3, Louvain-Paris, Éditions Peeters, 2004 ; *Geometry and Dioptrics in Classical Islam*, London, al-Furqān, 2005.

This distinction between the classes of curves is so important for the history of algebraic geometry that I have to focus on this point.

With the distinction of this class of curves of the first and the second degree, it is even the criterion of the classification which changes: the demarcation is established now between "measurable" curves and "nonmeasurable" curves, in the sense that they are, or not, subjected to the theory of proportions. It was still necessary to wait for the development of algebraic geometry so that, with Descartes, these classes of curves find their true name: "geometrical", i.e. algebraic, and "mechanical", i.e. transcendent.

There remain the nonmeasurable curves, "mechanical", of which the helix is a singular example and privileged because of its history. To give an account of this singularity, it seems it had been necessary to separate "the nonmeasurable" in two subclasses. It is here that al-Sijzī introduced two concepts, those of order (*tartīb*) and of regularity (*niẓām*). On the exact meaning of these two terms, al-Sijzī provides no explanation. They are moreover so ordinary that no lexical research will come to our assistance for that matter. Let us note however that in his treatise *On the Description of the Conics Sections*[6], he speaks about "regular rotation (*idāra muntaẓima*)", of the perfect compass to trace the circle — from where our choice to translate *niẓām* by "regularity". We are nevertheless reduced to the way of the conjectures.

These mechanical curves, as already mentioned, are generated by two separate and dissimilar movements. The cylindrical helix is not exception in this respect; only, unlike other mechanical curves, it is ordered and regular. However, if the formulation of al-Sijzī is carefully read, one observes that these concepts qualify the curve and not the movements: and after all, these same uniform movements are likely to generate other curves which cannot be thus qualified. This singularity was already established by Apollonius, according to Geminus via Proclus, when he affirms that the parts of the same length of the cylindrical helix coincide by homeomery.

We know, however, that the helix drawn on a cylinder of revolution is the only skew curve whose rays of curvature and rays of torsion are constant. The question thus remains to know if the formula of Apollonius, and the concepts of al-Sijzī, were the means of qualitatively expressing these properties which they saw without knowing yet them. Al-Sijzī, a young contemporary of Ibn Sahl and of al-Qūhī, was able to know a distinctive property of this curve: the tangents to the latter form a constant angle with the axis. It is well about a property of order and regularity also.

Anyway, in this classification of the mechanical curves, al-Sijzī proceeds by double reference: to the number and the nature of the movements which intervene in the generation of the curve; to the geometrical properties of "order and

---

[6] *Id.*, *Œuvre mathématique d'al-Sijzī*. Volume I : *Géométrie des coniques et théorie des nombres au Xe siècle*, Les Cahiers du Mideo, 3, Louvain-Paris, Éditions Peeters, 2004.

regularity" designed to characterize, or not, these curves. Still it would be necessary to recall, in conclusion, that the suggested classification is the echo - what could be more natural - of the mathematical knowledge of the time and that it reflects its extent and its frontiers. It indeed draws some of its distinctive features from two limitations of the latter. One did not fail to notice that al-Sijzī does not evoke any "mechanical" curve except for the cylindrical helix: in that, he is not in any way an exception. Unless being contradicted by a surprising discovery, one can advance that the mathematicians of the tenth century, as well as their successors, are hardly interested in the "mechanical" curves. To explain this fact, one cannot stick to the history of the transmission of the Greek geometrical corpus. It is true that the treatise of Archimedes on the spiral, for example, was not translated into Arabic, which deprived the mathematicians of this curve; but his treatise *on Conoids and Spheroids* was not either, and that did not prevent them from reinventing the contents and going further. It is thus necessary to seek elsewhere the explanation, which will be offered to us like the other face of a fact itself positive.

We showed that it is during this tenth century, with mathematicians like al-Qūhī, that from now on new requirements set the standards: a real proof of existence should be given when it is necessary, and the processes of construction should be based on solid geometrical bases. Thus the mechanical system of Ibn Sahl, the perfect compass of al-Qūhī, designed to draw the conics, are not unspecified instruments, but are themselves worked out using the conics' theory, which they incarnate. The mathematicians thus limited themselves to the only curves whose they had the means of establishing the existence and to proceed with the construction. Put shortly and clearly, it is thanks to these same requirements that the mathematicians could distinguish the class of the plane curves of the first two degrees, and were diverted from an active study of the "mechanical" curves.

The second limitation of the mathematical knowledge of that time is inherent in this same class of the plane curves. Why, indeed, once defined the class of "measurable curves" the mathematicians stopped to the two first degrees, while they had encountered solid and "sursolid" problems? This is an unavoidable question, especially since al-Qūhī generalized a theory of the application of the areas to the solids. That is to say, barring error, that nobody ever tried to draw a cubic curve. One needed for that the definition of any plane curve by its equation, in other words the construction of a new chapter where the curves are studied by their equations. It was therefore necessary to await the end of the seventeenth century at least for this to be realized.

This distinction between classes of curves obviously did not interest al-Khayyām, whom it is reported that he detested the movement in geometry. That is to say that this rejection of the movement, combined with the little interest shown in the proof of the existence of the points of intersection, reduced the project of al-

Khayyām to that of a geometrical theory of algebraic equations. It is in this form that the first contribution in algebraic geometry was declared.

The al-Khayyām's successor, Sharaf al-Dīn al-Ṭūsī[7], was, however, preoccupied with this proof of existence. He introduces the concept of movement to ensure the continuity of the curves, defines the concept of maximum of an algebraic expression on an interval and studies certain algebraic properties of the conical curves. Thus, barely half a century after al-Khayyām, he shifts towards an analytical direction the algebraic geometry of his predecessor.

Things remained largely unchanged, until Descartes' *Géométrie*, to which we have to come back.

One can show, as I believe to have done it elsewhere[8], that on the one hand la *Géométrie* represents the completion of this al-Khayyām tradition, and that on the other hand, in this achievement, Descartes found all the questions of the movement — classification of the curves, continuous drawing, new compasses to carry it out etc. —, thus engaging a new tradition whose deployment will be the work of his successors. Let us explain ourselves a little more.

One can agree to recognize in la *Géométrie* an organization around two main axes. The first: to bring back a geometrical problem to an algebraic equation with one unknown. The second: to bring back the resolution of the equation obtained to its construction by the intersection of two "geometrical" curves, of which one will be a circle as far as possible.

If one restores the evolution of Descartes' thought in relation to the first axis, one notices that, from 1619 and until before January 1632, date of his solution of Pappus' problem, he had solved, just like al-Khayyām, all the cubic equations by intersection of conics. In 1637, in his *Géométrie*, he proceeds, always following the example of al-Khayyām, with the solution of all the equations of the third and of the fourth degree by the intersection of two conics, but, he restrains himself to a parabola and a variable circle according to the type of equation. But, either al-Khayyām, he does not deal for the time being with the existence of the roots. For the equations of the fifth and sixth degree in which al-Khayyām is deliberately not interested, Descartes conceived a cubic parabola, or a parabolic conchoid, a curve of equation $y^3 - 2ay^2 - a^2y + 2a^3 = xy$.

But, in the presence of a cubic equation, for example, Descartes, all like his predecessor, was reduced to declare that it is, at most, solid; he could not thus either specify the nature of the irrationals which intervene in the solution. It is thus

---

[7] R. Rashed et B. Vahabzadeh, *Al-Khayyām mathématicien*, Paris, A. Blanchard, 1999 ; *Sharaf al-Dīn al-Ṭūsī, Œuvres mathématiques. Algèbre et Géométrie au XIIe siècle,* texte établi et traduit par R. Rashed, 2 vol., Paris, Les Belles Lettres, 1986.

[8] « La *Géométrie* de Descartes et la distinction entre courbes géométriques et courbes mécaniques », dans J. Biard et R. Rashed (éds), *Descartes et le Moyen Âge*, Études de philosophie médiévale LXXV, Paris, Vrin, 1997, p. 1-22.

noted that, if one sticks to the first axis, Descartes reiterates the approach of al-Khayyām. He undoubtedly refines it, generalizes it, carries it out to the possible logical limits; in short, he completes it, but without really neither touching the substance nor reshaping the sense of it. What about the second axis?

At the age of twenty (letter to Beeckman), with a somewhat modest mathematical knowledge, Descartes stated an "ambitious" (of his own consent) program, whom he did not have yet the means of realizing. Here are the principal ideas of this program: a classification of the geometrical problems thanks to the curves that can be used to solve them; a classification of the curves themselves thanks to the movements by which they were drawn; and, finally, an unshakable faith, that nothing however comes to justify, in the heuristic value of these classifications to exhaust in the proof all the questions of geometry.

The underlying intention of this program is, it seems, to going beyond the conics, and to clearly distinguish this class of curves, under the strict condition of resorting to no other unknown concept of the Ancients who-being deprived of Algebra, could not locate this cleavage between the classes of the curves. The concept available to Descartes, or at least the one which was initially presented to him, is no other than the old concept of movement as we find it in the Aristotelian tradition. In la *Géométrie*, this concept of continuous motion is certainly handled without any apparent kinematics consideration, but without being covered by the slightest algebraic dimension either.

During the research undertaken in line with this program, Descartes seems to have realized that the concept of movement alone does not suffice to entirely justify the distinction which he made in 1619 between "geometrical" curves and "mechanical" curves. The difference between these two classes of curves indeed seems to refer to two mixed problems: that of the constructibility of the points of the curve; and that of the existence of the points of intersection when the curves cut each other. These problems had been encountered by al-Ṭūsī in the twelfth century. But as they were the sole conical curves, it is easy to deduce from the *focus-directrix* or the *symptoma* that the point of intersection is an element of each of both curves. However Descartes did not focus any more on the sole conics, but treated the cubics and, more generally, "geometrical" curves. He recognizes, otherwise than his predecessors, the role of the equation in representing the curve. However this equation generally allows him only the construction by points, which is sufficient only for the "geometrical" curves. Descartes is then confronted with a dissymmetrical situation: while for the class of the "geometrical" curves one can speak the language of equations, this is impossible for the "mechanical" curves. It was admittedly necessary to await Leibniz and especially Jacob (Jacques) Bernoulli to know that these last curves do not have an algebraic equation; that they have algebraic differential equations, connecting between them not the x-coordinate and the y-coordinate, but their differentials. Descartes was not, however, unaware that all the properties of the "geometrical" curves must be drawn from their equation.

But, it is known that he never applied himself to this program. It was necessary for that to await young Newton.

Indeed, before Descartes the concept of equation of a curve remained well limited, and hardly lent itself to the constitution of a research program. Al Ṭūsī, at the time of his research on the maxima, or more exactly on the existence of the points of intersection, studies certain curves using their equations. It remains that he does not clearly distinguish between the polynomial equation and the curve, apart from the conics. However it is precisely thanks to the extension of the study of curves beyond the conics, and to the distinction that he establishes of this class of curves that can be studied by means of algebra, that Descartes could conceive this new program. The realization of the latter remained a pledge with the future, the source of two currents: that of the Algebraic Geometry, with Cramer and Bézout; that of the Differential Geometry, with the Bernoulli brothers.

But Descartes was not the only one to prospect this field of algebraic geometry. Fermat contributed to it in turn, initially independently of Descartes, then in function of and a little bit in opposition to him; a doubly interesting situation since it represents a different way of research in a single and same field. To understand this way cleared by Fermat, two mathematical chapters that were also developed during the tenth century should be mentioned, and in which Fermat will invest massively. The first deals with the geometrical transformations, while the second concerns the diophantine analysis. Unlike Greek mathematicians, their successors from the middle of the ninth century, in line with the tradition of the geometry of Apollonius, started to take as an object of study the transformations of the loci by homothety, translation, similarity, inversion. Already in the twelfth century, this research had been exploited in algebraic geometry by Sharaf al-Dīn al-Ṭūsī. However it is precisely this research which Fermat finds in his *De locis planis*, completed in April 1636. To illustrate the similarity between the studies undertaken in the tenth century and Fermat's book, it is enough to compare the structure and the results of the latter with those of the book of Ibn al-Haytham entitled *The Knowns*[9]. As for the diophantine analysis, Fermat personally dealt with it in 1636, starting from Bachet on the one hand and from Vieta on the other hand.

In 1637, Fermat released a manuscript of his treatise *Ad Locos Planos et Solidos Isagogè (Isagogè)*. It is thus a treatise independent of Descartes' *Géométrie*. In this work, Fermat intends to find the polynomial equations of curves. One realizes when reading of this treatise that this project is no independent of the already mentioned book on the plane loci. Fermat treats in fact in *Isagogè* only *loci* met in the latter (line, circle, conic sections) and according to a method which is not other than the algebraic translation of point-wise transformations which were implemented there. If thus in *Isagogè* Fermat translates each *locus* by an equation,

---

[9] See *Les Mathématiques infinitésimales du IXe au XIe siècle,* vol. IV, Chap. II.

it is primarily to characterize the curve. Everything indicates moreover that the role of the polynomial equation is limited to this characterization, insofar as Fermat does not have yet recourse to them to deduce other properties of the curve. Obviously, his project in 1637 is different from that of Descartes' *Géométrie*. What is then the inspiration that animates Fermat in *Isagogè*? One can show that it has as its source an intuitive grasp of the relations between the diophantine analysis and the polynomial equations with two unknowns.

So, in the *Isagogè*, Fermat does not treat the theory of algebraic equations. He returns to it at the end of 1637, in an appendix to *Isagogè*, probably once he made the best use of Cartesian researches. He indeed treats there what he calls "the construction of all the cubic and biquadratic problems by means of a parabola and of a circle"[10].

It is only much later that Fermat comes to the study of the equations and the algebraic curves. He starts at the top, so to speak, through a criticism of the classification of the equations and curves proposed by Descartes in his *Géométrie*. But to tackle the Cartesian classification, it is also necessarily to reconsider some ideas of algebraic geometry[11]. This is what Fermat proposes in la *Dissertation en trois parties*, a book against Descartes, but where the impact of la *Géométrie* is felt with a very particular force and presence. Without focusing here on these criticisms, which are not moreover justified, let us only point out their effects on Fermat's ideas. They opened *de facto* to him the way to make a distinction between two classes of algebraic equations: those which are, he says, "constitutive of the curved lines", and those with only one unknown. For a long time preoccupied, as we have already emphasized, by the equations of the geometrical loci, Fermat mobilizes this distinction, which he employs to define, much more clearly than his predecessors, curves by their equations. For that reason alone, he contributes to the realization of the Cartesian program.

Fermat states afterwards that every equation of degree $2n + 1$ or degree $2n + 2$ is solved by the intersection of two curves of degree $n + 1$. We are of course on the way which leads afterwards to the reverse of Bézout's theorem. On the other hand, the method that he proposes to solve the equations of degree $2n + 1$ or of degree $2n + 2$ is singularly inspired by the diophantine analysis. He is, to my knowledge, the first to have resorted to the techniques of diophantine analysis in algebraic geometry.

In a word, starting from research on the point-wise transformation of the loci, Fermat wanted, as he advanced, to find all the equations of the loci, of the conics in particular. However it is precisely this orientation which prepared the ground for his works in algebraic geometry, i.e. when, under the influence of Descartes, he is interested in the theory of the equations and the algebraic curves; from this meeting with Descartes, Fermat drew the means of innovating in this

---

[10] *Œuvres de Fermat*, published by P. Tannery et Ch. Henry, vol. III, Paris, 1896, p. 99.
[11] R. Rashed, « Les premières classifications des courbes », *Physis*, **XLII.1**, 2005, pp. 1-64.

field. He was then able to bridge two fields separated until then to promote the realization so to speak of what was the Cartesian program: the techniques of diophantine analysis and algebraic geometry. This innovation, however, distinguished Fermat from his predecessors as well as from his contemporaries. That is to say that, as long as the algebraically studied curves are essentially reduced to the sole conics, nothing forces the mathematicians to make an explicit rapprochement between algebraic geometry and diophantine analysis — it is precisely the al-Khayyām's situation and even that of al-Ṭūsī. On the other hand, the mathematicians who were interested in diophantine analysis outside this tradition of the algebraic geometry, either for reasons of time or by interest, could not obviously think of such a rapprochement. They were interested in fact in the development, either of algebraic abstract calculus (Abū Kāmil, al-Karajī, Bombelli, Vieta...), either of the theory of numbers (al-Khujandī, al-Khāzin, Fibonacci in his *Liber quadratorum*, al-Yazdī...). It is Descartes who provides the conditions of possibility of this rapprochement: possibility, in fact, of generally treating equations whatever their degree, and of treating more clearly and more algebraically a whole class of curves. It is thus thanks to Descartes and to his theory of the algebraic curves that Fermat could invest the diophantine methods in algebraic geometry. However it is precisely this investment which enabled him to carry out farther than Descartes himself the realization of the project of the latter.

Among the disciplines which one calls upon to represent mathematical modernity during the first half of the seventeenth century — if it is not classical modernity itself — Algebraic Geometry is mentioned, especially with Descartes. Precisely, however, this example of algebraic geometry is a good illustration of the complexity of this same concept of mathematical modernity. As long as the mathematical activities in Arabic from the ninth century onwards were unknown, or as long as one ignored what one could know about them, this concept seemed limpid and, being self-evident, raised no problem. This modernity was then seen at the crossroads of Algebra and Apollonius' *Conics* (more precisely of their first four books); or at the crossing of Vieta's *la Spécieuse* and of these later books. But it is rather, we know, a meeting between Algebra and the new chapters of Geometry developed from the *Conics* that occurred six centuries before Descartes' *Géométrie*. Without the chapters on *Geometrical Constructions with the Help of the Conic Sections*, and that on the continuous drawing, one will not be able indeed to understand the birth of Algebraic Geometry with al-Khayyām and its transformation, the first time, with al-Ṭūsī. Wouldn't mathematical modernity in the seventeenth century be thus just a reproduction of that which had occurred in the eleventh century? By no means. Would it be, as one likes to affirm, a radical beginning? Neither.

We have just shown that such an alternative is not in fact relevant: to read Descartes' *Géométrie*, it is also necessary to look upstream towards al-Khayyām and al-Ṭūsī and, downstream, towards Newton, Leibniz, Cramer, Bézout and the

Bernoulli brothers. It is the same if it is a question of locating Fermat's *Isagogè* and *Dissertation*: a return upstream to writings like those of Ibn al-Haytham and Descartes is essential indeed, just as it is necessary to have one's glance directed downstream towards Bernoulli, Cramer and Bézout. Only then will all these innovative books find the place which never ceased being theirs. La *Géométrie*, for example, is by no means an absolute beginning, but, like other foundational works, it inaugurates a style: that of a recovery, an adaptation and a correction of the traditions of which it is the heiress. But, like these works, it opens the way to other evolutions — in Algebraic Geometry, and also in Differential Geometry. Modernity comes thus in the form of the realization of some potentialities inherited from the tradition, at the same time as it generates new potentialities for the future. But could it be otherwise? Nothing prevents one, if one thinks only by ready-made concepts, from supporting that continuities and discontinuities are registered in each other. But any discourse on Descartes' *Géométrie*, or the two books of Fermat, is condemned to be oblique if it neglects the intimate bonds which root these works in the tradition, as well as the new possible ones that inhabit them, and whose actual realization will have to wait for modernity to become itself a tradition.

References

Fermat, Pierre de: 1896, *Œuvres de Fermat*, publiées par les soins de MM. P. Tannery et Ch. Henry sous les auspices du Ministère de l'instruction publique, 5 vol., Paris, Gauthier-Villars et fils.

Rashed, Roshdi : 1993-2006, *Les Mathématiques infinitésimales du IXe au XIe siècle*, 5 vol., London, al-Furqān.

Rashed, Roshdi : 2000, *Les Catoptriciens grecs. I : Les miroirs ardents,* édition, traduction et commentaire, Collection des Universités de France, Paris, Les Belles Lettres.

Rashed, Roshdi : 2004, *Œuvre mathématique d'al-Sijzī*. Volume I : *Géométrie des coniques et théorie des nombres au Xe siècle*, Les Cahiers du Mideo, 3, Louvain-Paris, Éditions Peeters.

Rashed, Roshdi : 2005, *Geometry and Dioptrics in Classical Islam*, London, al-Furqān.

Rashed R. et B. Vahabzadeh : 1999, *Al-Khayyām mathématicien*, Paris, A. Blanchard.

Rashed, Roshdi : 1997, « La *Géométrie* de Descartes et la distinction entre courbes géométriques et courbes mécaniques », dans J. Biard et R. Rashed (éds), *Descartes et le Moyen Âge*, Études de philosophie médiévale LXXV, Paris, Vrin, pp. 1-22.

Rashed, Roshdi : 2005, « Les premières classifications des courbes », *Physis*, **XLII.1**, pp. 1-64.

al-Ṭūsī, Sharaf al-Dīn : 1986, *Œuvres mathématiques. Algèbre et Géométrie au XIIe siècle*, texte établi et traduit par R. Rashed, 2 vol., Paris, Les Belles Lettres.

Vuillemin Jules : 1962, *La philosophie de l'algèbre*, Paris, PUF.

Kuhn, Lakatos et Duhem sur la Révolution copernicienne : comment l'interprétation de Kuhn a prévalu, le défi de Lakatos a échoué et la confirmation de Duhem est toujours ignorée[1]

Hassan Tahiri
CFCUL-Université de Lille 3

Résumé. On va présenter deux dialogues sur le même sujet la Révolution copernicienne, qui révèlent de sérieuses insuffisances dans les pratiques historiques. Le premier, entre Kuhn et Lakatos, qui n'a même pas la chance de démarrer en raison d'un problème de communication et le second, entre Kuhn et Duhem, qui représente un cas historique ignoré d'une communication réussie. L'échec du dialogue entre l'historien et le philosophe montre que le critère fondamental de la possibilité du dialogue est l'interaction entre les arguments des deux parties. Alors que la confirmation de la thèse de Duhem et de son analyse des faits historiques qui représente le score final du dialogue entre l'historien français et l'historien américain est encore largement ignorée en raison cette fois-ci d'un échec de communication globale.

Mots-clés : apparence, communication, contre-argument, contre-modèle, contre-interprétation, hypothèses, interaction, réalisme, rupture, tradition.

Peu d'ouvrages scientifiques ont fait couler beaucoup d'encre comme l'a fait *De Revolutionibus* de Copernic. Après plus de 400 ans de sa publication, il est étonnant de voir comment une telle attention a été particulièrement intense et générale à la seconde moitié du siècle dernier. Et il est malheureux qu'une telle focalisation philosophique et historique intense ait débouché sur une crise intellectuelle sans précédent qui a davantage creusé le fossé entre la philosophie et l'histoire des sciences. Le cas de Copernic était la dernière problématique qui a fini par couper les quelques canaux de communication restants entre la philosophie et l'histoire des sciences. Le désaccord porte moins sur la signification de l'œuvre

---

[1] Cet article est la version française d'une contribution publiée en anglais sous le titre "Kuhn, Lakatos and Duhem on the Copernican Revolution : How Kuhn's Interpretation Prevailed, Lakatos' Challenge Failed and Duhem's Vindication Still Ignored" parue dans Juan Manuel Torres (ed.), *On Kuhn's Philosophy and its Legacy*, Cardenos de Filosofia das Ciências 8, Lisbon, Guide Artes Gráficas Lda, 2010, pp. 167-208.

astronomique de Copernic que sur son statut en histoire des sciences. L'approche philosophique, qui paraît plus normative, tend à aller au-delà d'un cas historique particulier afin de tenter d'identifier les traits qui caractérisent la formation des théories scientifiques. En procédant ainsi, les philosophes espèrent arriver à des résultats généraux pouvant appréhender la nature d'une théorie scientifique. Leurs recherches se fondent sur le principe de la continuité qui est censé être une condition à priori pour le développement de la science. En conséquence, *De Revolutionibus* ne représente qu'une des nombreuses théories scientifiques qui se sont développées dans l'histoire des sciences. Cette attitude s'oppose diamétralement à celle des historiens modernes qui tendent a contrario à attribuer un statut spécifique à *De Revolutionibus* et à son auteur. Cette position des historiens implique un rejet total de l'approche des philosophes à cause de son inadéquation dans la compréhension de l'histoire des sciences. *De Revolutionibus* de Copernic, traditionnellement connu sous le nom de la Révolution copernicienne, était utilisé comme un exemple typique qui réfute l'approche des philosophes. Ils soutiennent que les théories scientifiques, comme *De Revolutionibus* de Copernic, exigent des recherches beaucoup plus approfondies et une analyse plus spécifique des conditions de leur émergence afin de comprendre le processus sous-jacent de leur évolution. Pour les historiens modernes, les conséquences politique, sociologique et psychologique de l'œuvre scientifique de Copernic sont symptomatiques d'un statut épistémologique spécifique. Ils considèrent que la signification de *De Revolutionibus* consiste à avoir radicalement inauguré une nouvelle tradition scientifique. Et en conséquence, on devrait considérer la théorie astronomique de Copernic comme la première révolution scientifique parce qu'elle a complètement rompu avec la science ancienne et médiévale. Telle est la fameuse doctrine de rupture ou de discontinuité qui atteint son apogée avec le triomphe des travaux de Kuhn.

Plusieurs tentatives ont été effectuées pour réduire le fossé entre les philosophes et les historiens, mais l'écart semble si large qu'il paraît impossible à combler étant donné que toutes ces tentatives n'ont pas eu beaucoup de succès. Cet article tente d'examiner pourquoi le dialogue entre la philosophie et l'histoire des sciences s'est avéré si difficile à s'installer. Dans la première partie, je montrerai que l'échec du dialogue est dû à un problème de communication entre les deux parties. Et pour le montrer, je comparerai la contre-interprétation de Lakatos à *The Copernican Revolution* de Kuhn en utilisant une présentation dialogique intuitive sous la forme d'un échange d'arguments et de contre-arguments. Et dans la seconde partie, je vais présenter, en utilisant la même procédure, un exemple d'une communication réussie sur le même sujet (Duhem contre Kuhn) dont l'ignorance par la communauté scientifique montre que l'échec du dialogue entre la philosophie et l'histoire des sciences fait partie d'un échec de communication globale.

1. Kuhn vs. Lakatos: un cas d'échec de communication

> How can a mere philosopher devise criteria distinguishing between good and bad science, knowing it is an unutterable mystic secret of the Royal Society? (Lakatos in *For and Against Method*, p. 28)

Le dialogue sera exclusivement construit à partir des textes principaux dans lesquels les deux auteurs discutent du même sujet, à savoir *The Copernican Revolution* de Kuhn et l'article de Lakatos : « Why Copernicus's programme superseded Ptolemy's » (Lakatos 1978).[2]

L'idée sous-jacente est d'expliciter l'échange des arguments exprimés par les deux parties qui soutiennent des opinions différentes sur le même sujet, ce qui explique pourquoi le dialogue est construit selon les besoins de l'argumentation et non pas selon l'ordre chronologique. L'objectif est d'examiner la relation entre les arguments afin d'apprécier leur performance dont, au premier chef, leur capacité à répondre aux objections de l'autre partie. Comme c'est la thèse de Lakatos qui va ouvrir le dialogue, on a besoin de connaître quelques éléments essentiels de son explication de la Révolution copernicienne. Et afin de comprendre sa conclusion, on va brièvement présenter les grandes lignes de son raisonnement. Il part du fait suivant : le système de Copernic a réussi à remplacer son prédécesseur et tout ce qu'il peut faire c'est de donner les raisons qui expliquent le succès de ce changement scientifique majeur. Et en appliquant sa « méthodologie de programme de recherche » à l'histoire de l'astronomie, Lakatos veut montrer que son falsificasionnisme sophistiqué peut mieux expliquer le progrès de la science que les théories rivales. Lakatos préfère parler de programme de recherche plutôt que de théorie scientifique. Et un programme de recherche est composé de deux éléments : un noyau dur et une heuristique. Dans une note en bas de page, il précise que la « démarcation entre le noyau dur et l'heuristique est fréquemment une question de convention » (p. 181). Il donne trois raisons à la question pour laquelle le programme de Copernic surpasse celui de Ptolémée : 1) Le programme heuristique de Copernic s'est révélé supérieur sur le système de Ptolémée : l'élimination de l'équant « améliore l'adéquation entre la théorie et l'observation » ; exemple : « la théorie lunaire de Ptolémée est un progrès empirique substantiel par rapport à celle de Ptolémée. » (p. 183). 2) Le programme de Copernic s'est montré théoriquement progressif en anticipant des nouveaux faits qui n'ont jamais été observés, comme par exemple la prédiction des phases de Vénus et la parallaxe. 3) La corroboration de ces prédictions est une preuve de la supériorité de tout le programme. Et il conclut : « la Révolution copernicienne n'est devenue une véritable révolution scientifique qu'en 1616 [la date de la découverte des phases de Venus par Galilée.] » (p. 184)

---

[2] Les numéros de page renvoient à la pagination anglaise des ouvrages de leurs auteurs mentionnés dans la bibliographie.

C'est justement à ce niveau qu'intervient Kuhn : pourquoi le XVIe siècle ? Pourquoi Copernic ?

> « Le système perfectionné de Ptolémée avait une durée de vie considérable, et la longévité de ce système admirable mais manifestement imparfait pose deux problèmes embarrassants, étroitement liés : comment l'univers des deux sphères et la théorie planétaire associée de l'épicycle-déférent purent-ils avoir une telle emprise sur l'imagination des astronomes ? Cela étant, comment l'emprise psychologique de cette approche traditionnelle d'un problème traditionnel se relâcha-t-elle ? Ou plus directement : pourquoi la révolution copernicienne tarda-t-elle tellement ? Et comment même put-elle se faire ? » (pp. 74-75)

Lakatos: "cette question des motivations et la réception des travaux de Copernic est importante et ne peut recevoir de réponse. Ce présent article ne s'intéresse pas à lui donner une réponse. »

Kuhn : ma *Révolution copernicienne* peut répondre à ces questions auxquelles votre méthodologie ne parvient pas à y répondre, et comment ?

> « L'astronomie planétaire n'a jamais été une recherche totalement indépendante, avec ses propres critères immuables de précision, d'adéquation et de preuve. Les astronomes étaient familiers avec d'autres sciences et ils étaient engagés dans divers systèmes philosophiques ou religieux. Beaucoup de leurs croyances en dehors de l'astronomie furent fondamentales lorsqu'ils posèrent, puis modelèrent la révolution copernicienne. Ces croyances extra-astronomiques font l'objet de l'« histoire intellectuelle » que je développe, parallèlement à l'histoire de la science, à partir du chapitre 2. Cette description de la révolution copernicienne a donc pour but de découvrir la signification de son caractère multiple, et c'est en cela sans doute que consiste la nouveauté la plus importante de ce livre. Une autre innovation a cependant été nécessaire : cet ouvrage viole constamment les frontières établies qui séparent les lecteurs de « science » des lecteurs d'« histoire » ou de « philosophie ». Ainsi on peut y voir deux livres, l'un traitant de science, l'autre d'histoire intellectuelle. » (p. viii)

Lakatos fait appel ici à une astuce traditionnelle : une distinction entre ce qu'il appelle la « logique de l'évaluation » et la « psychologie de la découverte. » :

> « L'évaluation du changement est un problème normatif et par conséquent relève de la philosophie, l'explication du changement (relative à l'acceptation et au rejet effectifs des théories) est un problème psychologique. » (pp. 168-169)

Kuhn: votre distinction n'est pas pertinente, parce que je veux comprendre comment le changement scientifique survient:

> « La combinaison de la science et de l'histoire intellectuelle est toutefois essentielle pour saisir la structure multiple de la révolution copernicienne.

Kuhn, Lakatos et Duhem sur la Révolution copernicienne

> [...] Je ne suis pas convaincu que ces deux composantes soient réellement distinctes. » (p. viii)

Après avoir généralisé le lien qu'il défend dans son introduction entre la science et ce qu'il appelle « l'histoire intellectuelle », il conclut :

> « Il nous faut plus qu'une simple compréhension interne de la science ; il nous faut aussi comprendre comment la solution, par un savant, d'un problème apparemment mineur, strictement technique, peut éventuellement transformer l'attitude des hommes vis-à-vis des principaux problèmes de la vie quotidienne. » (p. 4)

Lakatos : ma description est supérieure à la vôtre !

> « L'aspect descriptif de la méthodologie des programmes de recherche scientifique est clairement supérieur à l'aspect descriptif des méthodologies discutées précédemment. (The descriptive aspect of the methodology of scientific research programmes is clearly superior to the descriptive aspect of the methodologies previously discussed) » (p. 180)

Pourquoi ?

> « Notre analyse est internaliste au sens strict ; n'y trouve place ni l'esprit de la Renaissance si cher au cœur de Kuhn, ni le tumulte de la Réforme et la Contre-Réforme, ni l'influence des hommes d'Eglise, ni le moindre signe de l'effet de la naissance réelle ou supposée du capitalisme au seizième siècle, ni la stimulation due aux nécessités de la navigation comme se plaît à le dire Bernal. Tout notre développement est strictement interne, sa partie progressive aurait pu avoir lieu, étant donné un génie copernicien, n'importe quand entre Aristote et Ptolémée... » (p. 188)

L'histoire : mais ce n'est pas le cas
L'histoire : problème de communication
Problème de communication
Problème de communication

La discussion s'effondre parce qu'il n'y a plus d'interaction entre les arguments. On pourrait trouver surprenante la réponse de Lakatos ou discutable malgré mon effort d'essayer de trouver dans son article le meilleur coup pour contrer l'argument précédent de Kuhn. La réplique étonnante de Lakatos est précisément la motivation de cette première partie de cet article. Pour comprendre pourquoi, je vais présenter un résumé de ce qui s'est réellement passé en suivant l'ordre chronologique de la série d'événements qui ont eu lieu. Popper a avancé son critère de réfutabilité qui présuppose la continuité du développement de la science. Kuhn a présenté des arguments forts en faveur de la discontinuité radicale de l'histoire des sciences. Pour battre la théorie dominante de son époque, la stratégie de Kuhn était de présenter la Révolution copernicienne comme un contre-exemple à l'épistémologie générale de Popper. Ce qui a donné lieu à la conception sophistiquée de Kuhn qui a triomphé de ses adversaires. En conséquence, les philosophes se sont trouvés en plein désarroi, et ils ont tenté de reprendre l'initiative en procédant à une certaine forme d'autocritique. Réaction des philosophes : la tactique de Lakatos est de partiellement rétablir la théorie de Popper, est-il suffisant ? La méthodologie du programme de recherche est une tentative de réformer la théorie de l'auteur de la *Logic of Scientific Discovery* : il affirme qu'elle est meilleure que celle de son maître parce qu'elle tient compte de la dimension du temps à cause des critiques de Kuhn. Et il croit que sa distinction entre la « logique de l'évaluation » et la « psychologie de la découverte » répond aux autres objections de Kuhn en affirmant comme je l'ai formulé ci-dessus « ma description est supérieure à la vôtre. » Dans cette présentation statique, on ne sait pas exactement les raisons de l'échec des discussions ni ce qu'il faudrait faire pour les réparer. Mais Lakatos semble être déçu par la réception froide de sa théorie :

> « La méthodologie des programmes de recherche scientifique est une nouvelle méthodologie de démarcation (c'est-à-dire une définition universelle du progrès) que je défends depuis quelques années. Et elle constitue, me semble-t-il, une amélioration par rapport aux méthodologies analogues précédentes. » (p. 178)

Un aveu implicite d'échec qui sera explicité par un autre disciple de Popper, Feyerabend :

> « Pour Feyerabend, l'échec aussi bien des tenants d'une démarcation que des élitistes était chose prévue. Pour lui, pour notre brillant relativiste culturel de pointe, les systèmes de Ptolémée et de Copernic ne sont chacun qu'un système de croyances. Les partisans de Ptolémée s'occupaient de leurs affaires, ceux des Copernic des leurs, et finalement les coperniciens ont obtenu une victoire de propagande. Westman nous résume ainsi sa position :
>
> On nous donne deux théories, celle de Copernic et celle de Ptolémée ; toutes les deux fournissent des prédictions fiables, mais la première contredit les lois et les faits reçus dans la physique terrestre de l'époque. La foi dans le succès de la nouvelle théorie ne peut se fonder sur des présupposés méthodologiques, car aucun principe de ce genre ne peut jamais certifier qu'une théorie est correcte à ses débuts ; au commencement il n'existe aucune base de faits nouveaux. Par conséquent, accepter la théorie de Copernic devient une affaire de croyance métaphysique. » (pp.177-178)

Et Lakatos de conclure : « selon Feyerabend, on ne peut rien dire de plus » (178). Les philosophes admettent ainsi leur défaite. Kuhn a gagné la bataille mais a-t-il gagné la guerre ? Comme Fuller l'a fait remarquer : « Kuhn semble avoir le dernier mot » et sa victoire a été remportée « selon les termes fixés par sa propre théorie » (Fuller 2004, p. 24). C'est le principal résultat de Kuhn : il a réussi à imposer son propre jeu ce qui a perturbé le camp de ses opposants qui ont fini par se disputer entre eux. Pourquoi la performance des philosophes était-elle si médiocre ? Pourquoi le camp des philosophes est-il divisé alors que le front des historiens est uni ? Pourquoi n'ont-ils pas osé contester l'analyse de Kuhn ? Le défaut de répondre aux questions historiques de Kuhn a été renforcé par la distinction trompeuse description/prescription. En conséquence, non seulement ils ont accepté la description de Kuhn, ils ont aussi considéré que sa version est la description définitive de la Révolution copernicienne. Cette dernière a aussi été approuvée par les meilleurs experts qui en ont fait un compte rendu critique, on peut encore trouver quelques uns sur la couverture arrière de l'ouvrage imprimé. La section suivante examinera jusqu'à quel point l'analyse de Kuhn, considérée comme le dernier mot sur le sujet, peut être tenue pour la meilleure description disponible.

2. Kuhn contre Duhem: cas d'une communication réussie

Nous sommes ici sur un terrain différent car les deux auteurs affirment qu'ils donnent une description historique de l'émergence de Copernic et de ses travaux. Contrairement au premier cas où le dialogue a du mal à démarrer, nous avons besoin ici d'entrer dans les détails historiques. L'enjeu : comment les deux historiens traitent-ils les faits historiques ? Et quelle conclusion en ont-ils tiré ? Sachant qu'ils se réfèrent au même contexte historique dans la mesure où ils ont à leur disposition les mêmes faits historiques.

2.1. L'anatomie de la Révolution copernicienne par Kuhn

> Just because the emergence of a new theory breaks with one tradition of scientific practice and introduces a new one conducted under different rules and within a different universe of discourse, it is likely to occur only when the first tradition is felt to have gone badly astray. That remark is, however, no more than a prelude to the investigation of the crisis-state, and, unfortunately, the questions which demand the competence of the psychologist even more than that of the historian. (Kuhn 1962, pp. 85-86)

Comme nous l'avons déjà dit, l'analyse de Kuhn est destinée à répondre aux deux questions urgentes : pourquoi le XVIe siècle ? Pourquoi Copernic ? La manière dont il a posé ces questions détermine son approche à toute la problématique. Il a commencé son analyse en mentionnant ce qui est spécifique à la Révolution copernicienne :

> « Ce n'est pas une découverte astronomique fondamentale ou une possibilité nouvelle d'observation astronomique qui ont persuadé Copernic de l'inadéquation de l'astronomie ancienne ou de la nécessité d'un changement. Un demi-siècle encore après la mort de Copernic, il n'y eut aucun changement qui pût être potentiellement révolutionnaire dans les données dont disposaient les astronomes. »

Et il conclut :

> « C'est donc en dehors de l'astronomie, dans le milieu intellectuel plus large au sein duquel vivaient ceux qui pratiquaient l'astronomie, qu'il faut surtout chercher les faits qui permettent de comprendre pourquoi la révolution eut lieu à tel moment plutôt qu'à tel autre et les facteurs qui la précipitèrent. » (p. 132).

Kuhn croit ainsi qu'une combinaison de la sociologie et de la psychologie peut réussir là où d'autres explications ont échoué. On va présenter successivement et succinctement le rôle joué par ces facteurs extrascientifiques dans la « Revolution's timing » selon sa *Copernican Revolution*.

2.1.1. Pourquoi le XVIe siècle ?

Kuhn explique le timing de la Révolution scientifique par le fait qu'elle est précédée par deux événements importants qui sont étroitement liés.

2.1.1.1. XIIIe siècle : révolution dans la pensée chrétienne

Le chapitre 3, où Kuhn aborde la question du XVIe siècle, est à cet égard le chapitre le plus important de son *Révolution copernicienne*. Il a trouvé la réponse dans les facteurs socio-politiques qui ont favorisé la renaissance du savoir des anciens au début du Moyen Age :

> « Pendant tout le Moyen Age et une grande partie de la Renaissance, l'Eglise catholique fut l'autorité intellectuelle dominante dans toute l'Europe. Les savants européens du Moyen Age étaient des membres du clergé ; les universités, dans lesquelles la science antique était réunie et étudiée, étaient des écoles de l'Eglise. Du IVe au XVIIe siècle, l'attitude de l'Eglise vis-à-vis de la science et à propos de la structure de l'univers fut un facteur déterminant dans la progression ou la stagnation de l'astronomie ; mais l'attitude de l'Eglise et son action ne furent pas les mêmes pendant tout ce temps. Après le haut Moyen Age (Dark Ages), l'Eglise défendit une tradition savante aussi abstraite, subtile et rigoureuse que n'importe quelle autre que le monde a connue. » (p. 106)

Le changement intellectuel majeur semble être la « révolution dans la pensée chrétienne » qui a rendu possible l'étude de la science des anciens. Et il paraît que la Révolution scientifique devait attendre la révolution intellectuelle chrétienne pour mettre fin à l'âge des ténèbres :

> « Nous avons appelé le processus par lequel les chrétiens découvrirent qu'ils vivaient dans un univers aristotélicien une « redécouverte » de la science antique, mais redécouverte n'est certainement pas le terme adéquat. Ce qui se produisit fut beaucoup plus proche d'une révolution, à la foi de la pensée chrétienne et de la tradition scientifique de l'Antiquité. A partir du IVe siècle, Aristote, Ptolémée et d'autres auteurs grecs avaient subi les attaques d'hommes d'Eglise en raison des conflits entre leurs opinions en matière de cosmologie et les Ecritures. Ces divergences existaient encore aux XIIe et XIIIe siècles, et elles furent reconnues. En 1210, un concile provincial qui se

tint à Paris interdit l'enseignement de la physique et de la métaphysique d'Aristote. En 1215, le IVᵉ concile du Latran publia un édit antiaristotélicien similaire, quoique plus limité. D'autres interdits furent jetés par la papauté tout au long du siècle, qui eurent peu de succès n'étant que formels, mais qui ne furent pas sans importance. Ces édits témoignent de l'impossibilité d'ajouter simplement le savoir profane de l'Antiquité au corps de théologie médiévale existant. Les textes anciens et les Ecritures devaient être modifiés pour forger la structure d'un nouveau dogme chrétien cohérent. Quant cette structure nouvelle fut établie, la théologie était devenue un bastion important du concept ancien d'une Terre centrale et immobile. » (p. 109)

Plus précisément, Kuhn soutient que le changement intellectuel majeur qui a affecté l'Europe chrétienne au treizième siècle provient de l'intérieur à cause du conflit entre les textes sacrés et laïcs depuis le quatrième siècle. Et il aurait fallu neuf cents ans pour que la révolution se produise au sein du milieu extrascientifique bien que l'historien ne nous dise pas pourquoi elle a pris tout ce temps pour voir le jour. Son impact sur les études scientifiques est toutefois décisif et presque immédiat :

« Thomas d'Aquin et ses contemporains du XIIIᵉ siècle affirmaient la compatibilité de la foi chrétienne avec la plus grande partie de la science antique. En rendant Aristote orthodoxe, ils permettaient à sa cosmologie de devenir un élément créateur dans la pensée chrétienne. » (pp. 111/112)

2.1.1.2. Milieu du XVᵉ siècle : formation des astronomes professionnels

L'intégration du savoir ancien à la pensée chrétienne a ouvert la voie à une recherche scholastique intense. Mais l'intensité avec laquelle l'héritage grec a été étudié par les scholastiques n'était pas uniforme mais variait d'une discipline à une autre, et par conséquent les résultats obtenus ont été mitigés étant donné que les disciplines scientifiques n'ont pas avancé au même rythme. Alors que la dynamique a fait des progrès significatifs, l'astronomie semble avoir traîné :

« Copernic commença ses recherché cosmologiques et astronomiques très près d'où Aristote et Ptolémée s'étaient arrêtés. En ce sens il est l'héritier direct de la tradition scientifique de l'Antiquité. Mais cet héritage mit presque deux millénaires à l'atteindre. » (p. 133).

Pour les raisons suivantes :

« Il n'y eut presque pas [d'astronomie planétaire] en Europe, durant le Moyen Age, en partie à cause de la difficulté intrinsèque des textes mathématiques, et en partie parce que le problème des planètes semblait très ésotérique. Le traité *Du ciel* d'Aristote décrivait l'univers entier en des termes relativement simples. L'*Almageste* de Ptolémée, plus élaboré, ne traitait, dans sa plus grande partie, que du calcul des positions planétaires. [...] Jusque vingt ans avant la naissance de Copernic, il y eut peu de manifestations concrètes d'un progrès technique de l'astronomie planétaire.

Puis ce progrès apparut dans des œuvres comme celles de l'Allemand Georg Peuerbach (1423-1461) et de son élève Johann Muller (1436-1476), dit Regiomontanus. » (pp. 123/124).

Et seulement au milieu du XVe que les recherches astronomiques ont véritablement commencé avec la formation des astronomes professionnels. En revenant aux ouvrages authentiques, les prédécesseurs de Copernic ont préparé le terrain au changement scientifique majeur au siècle suivant :

> « Peuerbach, par exemple, commença sa carrier d'astronome en travaillant sur des traductions de seconde main de l'*Almageste*, transmise par l'Islam. Il fut à même de reconstruire, à partir de ces traductions, un exposé du système de Ptolémée plus convenable et plus complet que tous ceux que l'on connaissait jusque-là. Mais ce travail ne fit que le convaincre qu'une astronomie véritablement adéquate ne pouvait pas être tirée des sources arabes. Les astronomes, pensait-il, devraient travailler d'après les originaux grecs et il allait partir pour l'Italie afin d'y examiner les manuscrits existants quand il mourut en 1461. Ses successeurs ; en particulier Johann Müller, travaillèrent sur des versions grecques et découvrirent ainsi que même la formulation originale de Ptolémée n'était pas adéquate. »

Puis il conclut :

> « En rendant accessible des textes sûrs des Anciens, les érudits du XVe siècle aidèrent les prédécesseurs immédiats de Copernic à réaliser qu'il était temps d'opérer un changement. Des faits comme ceux évoqués ci-dessus peuvent nous aider à comprendre pourquoi la révolution copernicienne ne se produisit pas à un autre moment. » (pp. 126-127).

La Révolution est prête pour le déclenchement. Il a fallu moins de cent ans (1450-1543) pour que Copernic parvienne à élaborer son système révolutionnaire. La cause du retard, d'ordre socio-politique, est donc purement contingente. Le chapitre 3 décrit comment une « métamorphose a eu lieu au temps de Copernic », et il a trouvé que la « préface de Copernic décrit brillamment les causes pressenties de la transformation. » (p. 139)

2.1.2. Pourquoi Copernic?

Le chapitre 4 explique pourquoi Copernic a réussi là où ses prédécesseurs immédiats ont échoué. C'est pourquoi la dimension psychologique est l'autre composant essentiel de la Révolution. Dans un premier temps, d'après Kuhn, Copernic devait revenir à la case de départ puisque « *De Revolutionibus* fut écrit pour résoudre le problème des planètes, dont Copernic croyait qu'il avait été laissé irrésolu par Ptolémée et ses successeurs » (p. 136). Mais contrairement à ses prédécesseurs, Copernic rejette l'autorité de l'ancienne tradition scientifique :

> « Les techniques traditionnelles de l'astronomie ptoléméenne n'ont pas résolu et ne résoudront pas ce problème ; au lieu de cela, elles ont produit un

monstre. Il doit y avoir, conclut-il, une erreur fondamentale dans les concepts de base de l'astronomie planétaire traditionnelle. Pour la première fois, un astronome compétent techniquement avait rejeté la tradition scientifique consacrée, pour des raisons internes à sa science et, par cette reconnaissance professionnelle d'une erreur technique, inaugurait la révolution copernicienne. » (p. 139)

Et pourquoi Copernic rejette-t-il le système de Ptolémée ? A cette question, Kuhn a donné deux explications différentes : la première est celle de l'auteur de *De Revolutionibus* :

« Ce que Copernic attaqua, et ce par quoi commença la révolution astronomique, c'était certains détails mathématiques apparemment triviaux, comme les équants, des systèmes mathématiques complexes de Ptolémée et de ses successeurs. La première bataille entre Copernic et les astronomes de l'Antiquité se livra sur des minuties techniques. » (p. 73)

Cette explication contextuelle est suivie par la véritable explication de l'historien moderne :

« Pour Copernic, le mouvement des planètes était incompatible avec l'univers des deux sphères ; il croyait qu'en ajoutant de plus en plus de cercles, ses prédécesseurs n'avaient fait que rapiécer et étirer le système de Ptolémée pour le rendre conforme aux observations ; et il croyait que la nécessité même d'un tel rapiècement montrait clairement qu'une approche radicalement nouvelle était absolument nécessaire. » (p. 76)

Il est intéressant de suivre le raisonnement de Kuhn car il finit par isoler Copernic de son milieu social faisant de lui une sorte de messager :

« Mais les prédécesseurs de Copernic, qui disposaient exactement des mêmes moyens et des mêmes observations, avaient apprécié la même situation d'une manière toute différente. Ce qui était, pour Copernic, étirements et rapièncements était pour eux un processus naturel d'adaptation et d'extension, comparable au processus qui, à une époque antérieure, avait été utilisé pour introduire le mouvement du Soleil dans un univers des deux sphères conçu à l'origine pour la Terre et les étoiles. Les prédécesseurs de Copernic ne doutaient pas qu'on finirait par faire marcher ce système. » (p. 76)

Et il n'est pas alors surprenant qu'il conclut : « le sentiment de nécessité était la mère de l'invention de Copernic (A felt necessity was the mother of Copernicus' invention). » (p. 139).

2.2. La contre-anatomie de la Révolution copernicienne par Duhem

> Au cours de son développement, elle [la science] a rencontré à plusieurs reprises de telles périodes, durant lesquelles sommeille le sens critique ; mais bientôt ce sens s'éveille à nouveau, plus ardent à discuter les principes des doctrines physiques qu'à en déduire de

nouvelles conséquences. Pour découvrir un auteur qui ait discuté la nature des mécanismes conçus par Ptolémée, il nous faut franchir un long intervalle de temps et arriver jusqu'à la fin du IXe siècle. (Duhem 1994, p. 28)

Contrairement à l'approche de Kuhn fondée sur la résolution de problèmes, Duhem estime que la question du statut des hypothèses dans la formulation d'une théorie scientifique est le rôle moteur du développement de l'astronomie. Plus important encore, la différence de leur présentation et description du même sujet est frappante comme nous le verrons. Contrairement à la présentation de Kuhn, la description de Duhem est chronologiquement structurée et il procède à une évaluation des contributions apportées à chaque période en indiquant le progrès réalisé et son impact sur le développement ultérieur de l'astronomie. Il a consacré deux ouvrages à l'histoire de l'astronomie, son monumental *Le Système du monde* composé d'une série inachevée de dix grands volumes et le petit ouvrage populaire *Sauver les apparences* qui est une sorte de résumé très condensé du premier. Pour des raisons de concision, notre présentation suivra la structure de ce dernier ouvrage et sera éventuellement complétée par quelques passages significatifs de l'ouvrage plus détaillé *Le Système du monde*.

2.2.1. La période grecque: la domination du système de Ptolémée et la doctrine de « sauver les apparences »

A l'issue de la première section de son livret consacrée à la science hellénique, Duhem nous résume ici les suppositions sous-jacentes à la conception du système de Ptolémée.

> « Les diverses rotations sur des cercles concentriques ou excentriques, sur des épicycles, qu'il faut composer pour obtenir la trajectoire d'un astre errant sont des artifices combinés en vue de sauver les phénomènes à l'aide des hypothèses les plus simples qui se puissent trouver. Mais il faut bien se garder de croire que ces constructions mécaniques aient, dans le Ciel, la moindre réalité. L'orbe de chacun des astres errants est rempli d'une subsistance, l'astre décrit sa trajectoire plus ou moins compliquée sans qu'aucune sphère solide le guide en sa marche. » (Duhem 1994, p. 19)

Ptolémée justifie ainsi la construction de son système à la fois par le souci de sauver les phénomènes et par la plus grande simplicité. Et ce n'est pas un hasard si Ptolémée insiste sur le critère de simplicité comme nous l'explique ici Duhem.

> « L'astronome de Péluse [i.e. Ptolémée] dut reconnaître que des règles aussi rigides laisseraient malaisément construire une théorie capable de sauver les apparences ; ces règles, il les assouplit peu à peu jusqu'à les fausser ; il en vint enfin à professer cette doctrine : l'astronome qui cherche des hypothèses propres à sauver les mouvements apparents des astres ne doit

connaître d'autre guide que la règle de la plus grande simplicité. » (Duhem 1913, volume I, p. 84)

Nous avons ici l'état final tant au niveau de la conception qu'au niveau de la doctrine de l'astronomie chez les grecs. La seconde section est consacrée à la période arabe.

2.2.2. La période arabe et l'émergence du premier contre-modèle au système ptoléméen : le système d'al-Bitrūjī

Duhem commence par décrire comment les astronomes arabes ont unanimement rejeté les hypothèses de Ptolémée.

> « Avec Thabit ibn Kourra, avec Ibn al-Haytham, les astronomes arabes ont voulu que les hypothèses qu'ils formulaient correspondissent à des mouvements véritables de corps solides ou fluides réellement existants ; dès lors, ils ont rendu ces hypothèses justiciables des lois posées par la Physique. Or la Physique professée par la plupart des philosophes de l'Islam était la Physique péripatéticienne, la Philosophie que Sosigène et Xénarque avaient depuis longtemps opposée à l'Astronomie des excentriques et des épicycles, montrant que la réalité de celle-ci ne se pouvait concilier avec la vérité de celle-là. Le réalisme des astronomes arabes devait nécessairement provoquer les Péripatéticiens de l'Islam à une lutte ardente et sans merci contre les doctrines d'*Almageste*. » (Duhem 1994, pp. 31-32)

On constate le début de l'émergence d'une nouvelle situation de l'astronomie créée par les contre-arguments dévastateurs et systématiques des astronomes arabes. Et avec le recul historique bien sûr, nous pouvons dire en utilisant les termes de Kuhn que le système de Ptolémée se trouve déjà en crise. Et dans ce passage d'Ibn Rushd (ou Averroès) cité par Duhem, le dernier grand aristotélicien arabe décrète sa mort :

> « Il faut donc que l'astronome construise un système astronomique tel que les mouvements célestes en résultent et qu'il n'implique aucune impossibilité au point de vue de la Physique [...]. Ptolémée n'a pu parvenir à faire reposer l'Astronomie sur ces véritables fondements [...]. L'épicycle et l'excentrique sont impossibles. Il est donc nécessaire de se livrer à de nouvelles recherches au sujet de cette Astronomie véritable, dont les fondements sont des principes de Physique [...]. En réalité, l'Astronomie de notre temps n'existe pas ; elle convient au calcul, mais ne s'accorde pas avec ce qui est. » (p. 136)

Et il a fini par lancer cet appel pour la construction de cette nouvelle astronomie :

> « Dans ma jeunesse, j'espérais, dit-il, que cette recherche serait accomplie par moi même ; parvenu déjà à la vieillesse, je ne l'espère plus ; mais peut-être que ces paroles inciteront quelqu'un à entreprendre cette étude. » (In Duhem 1913, volume II, p. 138)

La sentence n'est pas simplement verbale, elle sera mise à exécution en cherchant à développer un système alternatif qui repose sur les hypothèses tirées de la physique. Ce vœu qu'Ibn Rushd a formulé pendant sa jeunesse, son condisciple, al-Bitrūjī (que connaissait bien Copernic puisqu'il le cite sous le nom Alpetragius), a tenté de le réaliser en composant son ouvrage traduit en anglais sous le titre *On the Principles of Astronomy*. Ce qui est nouveau dans la conception de son système, bien qu'il soit homocentrique, est qu'il est fondé sur la dynamique d'Ibn Bājja (ou Avempace).

2.2.3. La période scholastique : al-Bitrūjī ou Ptolémée

Les contre-arguments d'Ibn Rushd débouchent ainsi sur une contre-offensive au système de Ptolémée.

> « Al-Bitroji (Alpetragius) entreprend de substituer un système nouveau aux doctrines d'*Almageste*. Comme Averroès, il prétend que les principes sur lesquels repose cette théorie des planètes soient prouvés par des raisons tirées de la Physique, et il n'hésite pas à intituler son traité : *Planetarium theorica, physicis rationibus probata.* » (Duhem 1994, p. 35)

Avec al-Bitrūjī, l'astronomie et la dynamique sont devenues plus liées que jamais et la frontière entre les phénomènes célestes et terrestres est abolie. Ce qui explique pourquoi les médiévaux ont accueilli avec enthousiasme le système d'al-Bitrūjī. Conséquence : le système d'al-Bitrūjī parvient à maintenir la contradiction au sein de la communauté astronomique jusqu'au XVIe siècle.

> « Jusqu'au temps de Copernic, l'essai d'al-Bitrūjī et les tentatives de ses imitateurs disputeront au système de Ptolémée la faveur des Averroïstes italiens ; bien souvent même, ils parviendront à ravir cette faveur. » (Ibid., p. 36)

Le système d'al-Bitrūjī introduit un changement majeur dans la pensée astronomique. Duhem nous raconte en effet que la période scholastique du moyen âge (section 3) sera dominée par les questions suivantes : quelle doctrine astronomique convient-il d'adopter ? Faut-il user du système de Ptolémée ? Faut-il se fier à la théorie d'al-Bitrūjī ? Duhem précise que les travaux d'al-Bitrūjī n'ont pas été développés jusqu'à la construction de tables astronomiques en sorte que l'on ne saurait dire si cette doctrine suffit à sauver les phénomènes. On continue donc à employer le système de Ptolémée non pas parce qu'il est jugé supérieur mais parce qu'il est opératoire. Contrairement à ce que croyait le philosophe de Cordoue, ce n'est pas encore la fin du système de Ptolémée qui reste tout de même en position de force en raison de son caractère pragmatique. En somme les scolastiques n'ont pas cherché à approfondir la controverse entre les deux systèmes du monde. Une controverse qui ne peut progresser que par le développement du système d'al-Bitrūjī de façon à ce qu'il puisse aussi sauver les apparences.

> « La fin du Moyen Age s'écoule sans que l'enseignement de cette Université [de Paris] nous apporte aucun nouveau document relatif à la valeur des hypothèses astronomiques ; au XIVe siècle, à Paris, la science des mouvements célestes traverse une de ces périodes de paisible possession où nul ne discute plus les principes sur lesquels reposent les théories, où tous les efforts tendent à en perfectionner les applications. Le système de Ptolémée était alors admis sans conteste. » (Ibid., p. 50)

La conséquence en est que le système d'al-Biṭrūjī, qui se trouve en position de faiblesse pour des raisons pratiques, perd beaucoup de terrain en faveur du système de Ptolémée. Et il semble même qu'il a perdu le combat. Mais pour cela, il faut que les controverses soient éteintes partout en Europe et non seulement à Paris ; ce qui n'est pas le cas.

2.2.4. La période de Renaissance: Copernic et le triomphe du réalisme arabe

Dans sa quatrième section consacrée à la période de la Renaissance, Duhem nous informe que, vers la fin du XIVe siècle, le système de Ptolémée, sous l'influence de l'école de Vienne, a été adopté partout en Europe à l'exception de l'école de Padoue où la résistance au système établi est plus forte. L'école de Padoue devient ainsi la capitale des controverses en Europe à partir de laquelle se répandent les idées nouvelles contribuant par là à l'épanouissement des écoles européennes et en particulier de l'école de Paris.

> « Tandis que les astronomes de Vienne mettaient les postulats du système de Ptolémée au nombre des vérités établies à jamais, les Averroistes de l'Ecole de Padoue, admirateurs fanatiques des enseignements du Commentateur [i.e. Averroes], attaquaient avec frénésie les doctrines qu'il avait combattues. Comme leur maître, les Averroistes italiens refusaient à l'Astronomie le droit d'user d'hypothèses qui ne fussent pas conformes à la nature des choses, c'est-à-dire à la physique du Philosophe et du Commentateur ; comme Averroès, ils déclaraient le système de Ptolémée irrecevable de ce chef ; comme Al-Biṭrūjī, ceux d'entre eux qui se croyaient astronomes essaient de substituer à la théorie de l'*Almageste* une théorie exclusivement fondée sur des sphères homocentriques. » (Ibid., p. 53)

A la fin de son compte rendu de l'ouvrage d'al-Biṭrūjī dans son *Système du monde*, Duhem conclut que la conception de l'astronome arabe était un point de ralliement pour l'opposition au système de Ptolémée qui a duré jusqu'à Copernic : « Tel est dans ses grandes lignes, cet ouvrage d'al-Biṭrūjī qui devait, jusqu'au temps de Copernic, inspirer tous les adversaires, frayant ainsi la voie à l'astronome de Thorn » (Duhem 1913, volume II, p. 156). La controverse entre les Averroïstes et les Ptoléméens atteint son apogée avec l'arrivée de Copernic à l'école de Padoue. Les travaux de Copernic provoquent un changement décisif dans le rapport des forces entre les Ptoléméens qui étaient en position de force et les Averroïstes qui étaient jusque là sur la défensive. Commentant un extrait d'une lettre que Copernic a envoyée au Pape Paul III, Duhem nous dit comment les idées géniales et non les hommes de génie sont nées, et pourquoi ce don de génie apparaît à Padoue et non à Thorn ou ailleurs.

> « Ce passage évoque à nos esprits les grands débats qui agitaient les Universités italiennes au temps où Copernic est venu s'asseoir sur leurs bancs : D'une part, les discussions touchant la réforme du calendrier et la théorie de la précession des équinoxes ; d'autre part, l'ardente querelle entre les Averroïstes et les partisans de Ptolémée ; du choc entre ces deux Ecoles a jailli l'étincelle qui a allumé le génie de Copernic. » (Ibid., p. 73)

Duhem nous raconte ensuite comment Copernic a eu l'idée de mettre la terre en mouvement.

> « Copernic, qui est humaniste, parcourt les œuvres des écrivains grecs et latins ; Cicéron et l'auteur du *De placitis philosophorum* lui apprennent que divers penseurs de l'Antiquité avaient mis la Terre en mouvement. […] Copernic a essayé l'hypothèse du mouvement de la Terre à titre de supposition purement fictive, et il a constaté qu'elle était capable de sauver les phénomènes. » (Ibid., p. 74)

Et dans le passage suivant, Copernic précise pour quelle raison:

> « Après que j'eus longtemps roulé dans ma pensée cette incertitude où se trouvent les traditions mathématiques, touchant la théorie des mouvements célestes, il me prit un vif regret que les philosophes dont l'esprit a si minutieusement scruté les moindres objets de ce Monde, n'eussent trouvé aucune raison plus certaine des mouvements de la machine du Monde. » (Cité par Duhem 1994, pp. 73-74)

C'est à cause de la crise de fondement profonde dans laquelle s'est trouvée l'astronomie que Copernic a proposé son système héliocentrique. Et si Copernic a réussi à trouver son système héliocentrique, ce n'est pas parce qu'il n'a pas considéré l'idée de mettre le soleil au centre et de faire tourner la terre autour de lui comme une fiction, mais parce qu'il est fortement convaincu que le nouveau système est la vraie astronomie ; autrement dit c'est parce que Copernic et toute l'école de Padoue qui était la capitale de l'opposition à la domination du système de Ptolémée dans le reste de l'Europe, épistémologiquement adhère à ce que Duhem appelle la tradition du réalisme arabe.

> « Copernic conçoit le problème astronomique comme le conçoivent les physiciens italiens dont il a été l'auditeur ou le condisciple; ce problème consiste à sauver les apparences au moyen d'hypothèses conformes aux principes de la Physique. » (Ibid., p. 73)

Le triomphe des Averroïstes est à son comble étant donné que l'hypothèse à laquelle recourt Copernic s'inscrit dans le cadre des arguments de la tradition arabe.

2.3. Le rôle de l'astronomie arabe dans l'émergence de la Révolution copernicienne

Une comparaison détaillée argument par argument n'est pas à la portée de cet article. Notre analyse focalisera néanmoins sur un point de friction majeur entre les deux descriptions : le rôle de la tradition arabe dans le développement de l'astronomie. Pour l'historien américain :

> « Les musulmans se sont rarement montrés radicalement novateurs dans le domaine de la théorie scientifique. Leur astronomie, en particulier, s'est développée presque exclusivement dans le cadre de la tradition technique et cosmologique de l'Antiquité classique.[3] Ainsi, du point de vue restreint auquel nous nous plaçons en ce moment, la civilisation de l'islam est surtout importante parce qu'elle a conservé et reproduit abondamment les documents de la science grecque qu'utilisèrent plus tard les savants européens. » (Kuhn 1957, p. 102)

L'auteur de la *Copernican Revolution* ne fait ici qu'exprimer brillamment cette attitude généralement adoptée envers la tradition arabo-musulmane et son rôle dans le développement de la science. L'historien français, isolé dans son propre camp à cause de ses positions anticonformistes, tire une conclusion diamétralement opposée :

> « Il est une proposition qu'on peut formuler sans réserve et que la suite de cet écrit justifiera: cette œuvre [celle d'al-Biṭrūjī] qui n'est qu'une tentative et qui ne s'achève pas, aura la plus grande influence sur l'évolution de l'Astronomie occidentale. Cette influence, nous la reconnaîtrons partout et pour toujours, côtoyant celle qu'exerce la doctrine de Ptolémée, la contrariant et l'empêchant de ravir l'acquiescement unanime des astronomes. Le perpétuel conflit de ces deux influences entretiendra le doute et l'hésitation à l'égard de chacune d'elles ; il ne permettra pas aux intelligences d'être asservies par l'empire incontesté de l'une ou de l'autre d'entre elles ; il assurera aux esprits curieux la liberté de recherche sans laquelle la découverte d'un nouveau système astronomique fût demeurée impossible. » (Duhem volume II, p. 171)

C'est la leçon tirée par l'auteur du *Le Système du monde* de la grande controverse suscitée par le système d'al-Biṭrūjī sur les fondements de l'astronomie pendant tout le Moyen Age jusqu'à Copernic. La conclusion de Duhem est destinée à expliquer comment une opposition aussi forte à *l'Almageste* peut durer et se maintenir pendant plus de trois siècles. Parfaitement conscient de la force et de la

---

[3] Cette simple phrase était suffisante pour que le fondateur de la sociologie des sciences disqualifie la tradition arabe à cause de son incapacité à rompre avec la tradition grecque, ce qui justifie à ses yeux l'exclusion totale des savants et astronomes arabes de son *Copernican Revolution* parce qu'ils ne sont pas parvenus à renverser la tradition de leurs prédécesseurs en inventant une tradition qui leur soit propre.

signification de son travail monumental, il l'a utilisé comme un argument métathéorique puissant en présentant ses huit volumes comme preuve de l'idée suivante qui est sous-jacente à sa conclusion : le résultat majeur de la tradition arabe est qu'elle a réussi à convaincre beaucoup de philosophes et astronomes que le système de Ptolémée est loin d'être parfait et encore moins le meilleur système possible, et que l'astronomie ne peut progresser en suivant *l'Almageste* mais en construisant un contre-modèle qui doit être fondé sur les principes corrects de la physique. En conséquence, Duhem voit l'émergence du système de Copernic en tant que couronnement des efforts des opposants du système ptoléméen. Mais Kuhn n'a pas encore épuisé toutes ses munitions.

La dernière arme de Kuhn pour contrer l'argument métathéorique de Duhem :

En étant la seule œuvre synthétique des textes scientifiques et astronomiques antérieurs à Copernic, les opposants de Duhem n'ont pas réussi à relever directement le défi de l'argument métathéorique puissant en produisant une contre-œuvre au *Système du monde*. Duhem serait sans doute déçu s'il espérait que toute interprétation de l'histoire des sciences devrait être fondée sur une étude systématique et exhaustive des œuvres scientifiques qui ont pesé sur le développement de l'astronomie. La réponse des historiens modernes semble être qu'un tel travail dur et fastidieux est en effet inutile dans la mesure où il n'est pas nécessaire de produire un contre-argument valide pour une raison simple : l'ouvrage astronomique de Copernic présente toutes les marques d'une rupture complète avec le passé. La meilleure preuve est le nouvel appareil technique exigé pour développer la vieille idée héliocentrique. Et ce n'est pas par hasard que Kuhn insiste beaucoup sur l'argument des mathématiques comme en témoignent les nombreux passages suivants, d'abord annoncé dans sa préface :

> « [Les chapitres 3 and 4] montreront comment un changement dans les conceptions de l'astronomie mathématique pouvait avoir des conséquences révolutionnaires. » (p. 3)

davantage élaboré dans son chapitre « Copernicus' innovation » :

> « Il fut le premier à exposer dans le détail les conséquences astronomiques du mouvement de la Terre. Les mathématiques de Copernic le distinguent de ses prédécesseurs, et c'est en partie à cause des mathématiques que son œuvre, à la différence de celles de ses prédécesseurs, inaugure une révolution. » (p. 144)

souligné dans la section « Motives for innovation » :

> « C'était l'astronomie planétaire mathématique, et non la cosmologie ou la philosophie que Copernic trouvait monstrueuse, et ce fut la réforme de l'astronomie mathématique qui seule le contraignit à mettre la Terre en mouvement. » (p. 143)

Ce dernier passage est en particulier intéressant puisqu'il semble que Kuhn rejette avec beaucoup de confiance l'argument de Duhem sans le mentionner : « cosmologie ou philosophie » ne peut établir le lien entre Copernic et ses prédécesseurs étant donné que le seul nouveau facteur décisif qui a donné lieu au système de Copernic est la mathématique. En liant directement la Révolution copernicienne (chapitre 4) à la Renaissance (chapitre 3) et finalement à ce qu'il appelle la « révolution dans la pensée chrétienne », Kuhn n'explique pas vraiment pourquoi la Révolution copernicienne a eu lieu au seizième siècle. Il se trouve que la Renaissance ait eu lieu au quinzième siècle et que la révolution dans la pensée chrétienne ait eu lieu au treizième siècle ; les deux événements extrascientifiques, qui composent ce qu'il appelle son « histoire intellectuelle », auraient pu tout aussi bien avoir lieu avant. Suivant son analyse, l'émergence de la Révolution copernicienne prend un siècle depuis la Renaissance, trois siècles depuis la révolution intellectuelle chrétienne et treize siècles en tout depuis le système de Ptolémée. Alors que Duhem établit une relation essentielle entre l'ère de Copernic et la période arabe et, en conséquence, la Révolution copernicienne ne peut avoir lieu avant le treizième siècle au moins dans la mesure où l'astronomie arabe est nécessaire pour comprendre non seulement son timing et ses causes mais aussi son lieu, un facteur important que l'historien américain a entièrement laissé tomber.

2.4. Résolution par décision du conflit : le triomphe de la Structure et de la thèse de son auteur

En insistant fortement sur l'argument mathématique, Kuhn croit qu'il peut faire la différence dans la controverse. Mais l'argument des mathématiques semble avoir un effet plus fort : le triomphe de la *Copernican Revolution* de Kuhn et par conséquent de son interprétation globale de l'histoire des sciences développée dans sa *Structure of Scientific Revolutions*.

Les œuvres de Duhem sont connues partout en Europe puisqu'il a écrit énormément sur l'histoire des sciences, mais aussi aux Etats Unis. L'un de ses contemporains l'historien belge George Sarton, qui a popularisé les études historiques dans les années 1930 en enseignant à Harvard, le connaissait personnellement. Et l'un de ses grands successeurs n'est rien d'autre qu'Alexander Koyré. Ses contemporains comme ses successeurs ont rejeté la conclusion de Duhem parce qu'il semble qu'ils ne sont convaincus ni par ses arguments ni par ses analyses. Et pour comble d'ironie, les travaux de Duhem ont été ignorés par les philosophes tels que Popper, Lakatos ou encore Feyerabend qui ont préféré formuler leur propre théorie sur la question au lieu de reprendre les arguments de Duhem et de les développer ou de réfléchir sur son approche profonde à l'histoire des sciences. L'issue de cette controverse implicite mais non ratée entre les deux historiens, américain et français, soulève plusieurs questions qui ont été ignorées et encore moins abordées aussi bien par les philosophes que par les historiens. Comment les deux historiens, qui se réfèrent aux mêmes faits historiques, arrivent-ils à deux conclusions différentes voire opposées ? Quels critères ont-ils été utilisés pour décider entre les deux conclusions conflictuelles ? L'argument mathématique est-il suffisant pour expliquer pourquoi l'analyse de Duhem était complètement ignorée par les historiens modernes ? Est-il une raison justifiée pour exclure totalement la description de Duhem et son approche à l'histoire des sciences ? Plus généralement, comment l'appareil de *The Structure of Scientific Revolutions* l'a-t-il emporté sur l'exposition systématique et la finesse de l'analyse du *Système du monde* ? Quelles sont les raisons qui ont permis à la conception de Kuhn de battre si facilement semble-t-il celle de Duhem ? En quoi les arguments de Kuhn et son analyse étaient-ils plus convaincants que ceux de Duhem ? En somme comment le conflit a-t-il été tranché si nettement et presque unanimement en faveur de Kuhn ? Et sa victoire est-elle définitive ?

2.5. Résolution par arguments du conflit

2.5.1. Le point tournant de l'histoire de l'astronomie

La découverte, à partir de 1957, de toute une tradition qui regroupe plusieurs astronomes arabes travaillant, durant le XIIIe et le XIVe siècles, dans l'observatoire de Marāgha (nord est de l'Iran) a brusquement fait basculer la situation. George Saliba, l'un des historiens qui a étudié de très près ces travaux, décrit la sensation provoquée par la découverte.

> « Les recherches menées en histoire de l'astronomie arabe, durant les trois dernières décennies, ont mis au jour un groupe de textes, qui étaient jusqu'à présent inconnus, ont altéré notre conception de l'originalité et la portée de l'astronomie arabe. Les travaux des astronomes tels que Mu'ayyad al-Dīn al-'Urdī (d. 1266), Nasīr al-Dīn al-Ṭūsī (d. 1274), Qutb al-Dīn al-Shīrāzī (d. 1311), and Ibn al-Shātir (d. 1375), pour n'en citer que quelques uns ont été à peine connus au XIXe siècle ou au début du présent [XXe] siècle. Seul al-Ṭūsī était mentionné dans la littérature du XIXe siècle. »

Et il ajoute, plus loin :

> « Les résultats de l'école de Marāgha étaient dès le début de leur découverte extrêmement important en raison de leur relation avec les travaux de Copernic. Mais il faudrait bien souligner que cette relation ne concerne pas la notion de l'héliocentrisme. Cette caractéristique du système de Copernic implique la transformation des modèles mathématiques géocentriques aux modèles héliocentriques par l'inversion du vecteur connectant le soleil et la terre, tout en laissant intact le reste des modèles mathématiques. C'est plutôt la similarité des versions géocentriques coperniciennes de ces modèles à ceux des astronomes de Marāgha qui a suscité la plus grande curiosité. » (Saliba 1994, pp. 265-267)

Ces découvertes ont montré que : 1) les astronomes de Marāgha travaillaient sur un projet spécifique destiné à trouver des modèles alternatifs au système de Ptolémée ; 2) après deux siècles de recherches intenses, al-Shātir a réussi à développer un contre-modèle au système ptoléméen au XIVe siècle ; 3) il s'est avéré que les systèmes d'Ibn al-Shāṭir et de Copernic sont exactement équivalents : ils permettent de construire les mêmes tables astronomiques ; 4) le passage du modèle géocentrique d'Ibn al-Shāṭir à celui héliocentrique de Copernic est réalisé par l'inversion du vecteur qui relie le soleil à la terre, laissant intact tout le reste des modèles mathématiques, une simple transformation mathématique connue à l'époque de Copernic.

Des études plus approfondies ont révélé que Copernic a utilisé le même appareil technique que celui développé par les astronomes arabes durant le XIIIe et le XIVe siècles. Ce qui est frappant c'est que Copernic a utilisé sans preuve un résultat mathématique important établi, trois cents ans auparavant, par al-'Urdī (connu sous le nom de Lemme d'al-'Urdī). En se référant explicitement à un ouvrage composé au XIe siècle par Ibn al-Haytham (m. 1040) dans lequel il a exprimé ses doutes sur les travaux de Ptolémée, l'école de Marāgha fournit la preuve de la continuité de la recherche d'un modèle anti-ptoléméen au moins jusqu'à Copernic. Après avoir formulé ses arguments en faveur de l'existence d'un modèle compatible avec les principes de la physique dans son *al-Shukūk* ou *Doutes sur Ptolémée*, Ibn al-Haytham a lancé un appel pour trouver un modèle alternatif qui devrait se fonder sur les principes corrects de la physique. L'apparition d'*al-Shukūk* marque un point tournant dans l'histoire de l'astronomie : 1) il a changé à jamais le statut épistémologique de l'*Almageste* puisque le système ptoléméen n'est plus considéré comme étant le modèle adéquat des corps célestes ; 2) l'*Almageste* est devenu un objet d'investigation : plusieurs tentatives, aussi bien en orient qu'en occident arabes, ont été entreprises pour construire des modèles alternatifs à celui de Ptolémée. Résultat : trois siècles après *al-Shukūk*, Ibn al-Shāṭir a construit un modèle complet des corps célestes en tenant compte des objections spécifiques d'Ibn al-Haytham.

Telle est brièvement l'histoire de l'astronomie arabe depuis le XIe siècle qui infirme la description de Kuhn et fournit la preuve nécessaire à la conclusion de Duhem et à son approche à l'histoire des sciences.

2.5.2. *Le Système du monde* et la thèse de son auteur confirmés

Dans ce qui suit, George Saliba explique les enjeux historiques de ces événements :

> « Ce qui est clair est que le modèle équivalent d'Ibn al-Shāṭir semble avoir une histoire bien établie qui s'inscrit dans le cadre des résultats établis par les premiers astronomes musulmans, et on peut par conséquent historiquement l'expliquer comme un développement naturel et graduel qui a commencé trois siècles plus tôt. On ne peut pas dire la même chose du modèle de Copernic. » (Saliba 1994, p. 304).

Et il conclut que l'astronomie de Copernic ne peut être bien comprise, aussi bien mathématiquement que techniquement, sans une étude attentive des résultats des astronomes de Marāgha.

Dans sa tentative de désigner la contribution majeure qui distingue Copernic de ses prédécesseurs inaugurant par là une tradition qui rompt complètement avec le passé, Kuhn explique ici pourquoi il l'a trouvée dans les mathématiques :

> « Pour le suivre, ses contemporains devaient apprendre à comprendre ses explications mathématiques détaillées sur la position des planètes, et ils devaient considérer ces raisonnements abstrus plus sérieusement que le témoignage direct de leurs sens. La révolution copernicienne n'était pas avant tout une révolution des techniques mathématiques utilisées pour calculer la position des planètes, mais elle commença par là. En reconnaissant la nécessité de techniques nouvelles et en les développant, Copernic apporta son unique contribution originale à la révolution qui porte son nom. » (Kuhn 1957, p. 143)

Mais il s'est révélé que la mathématique de Copernic étaient la même que celle de ses prédécesseurs astronomes arabes ; qui suit qui ? Et quelle conclusion peut-on tirer de tout cela ? D'après le critère de Kuhn, on devrait plutôt parler de la révolution d'Ibn al-Shāṭir parce qu'il est le premier qui a construit un contre-modèle au système ptoléméen ! Mais peut-être la révolution d'Ibn al-Shāṭir-Copernic serait plus appropriée en supposant que Copernic aurait pu développer indépendamment les mêmes concepts mathématiques. Mais Otto Neugebauer, l'un des historiens les plus distingués, est allé encore plus loin :

> « La récupération de la théorie planétaire des astronomes de l'école de Marāgha [...] représente non seulement un grand intérêt en soi, mais elle a aussi démontré qu'une bonne partie de la théorie planétaire de Copernic est en fait d'origine arabe médiévale, et était transmise à l'Europe occidentale à travers un chemin inconnu, peut-être à travers les sources Byzantines tardives, à l'Italie à un certain moment du quinzième siècle. » (Neugebauer 1984; p. 290)

Et il ajoute « la question est alors non pas si mais quand, où, et sous quelle forme, Copernic a appris la théorie de Marāgha ». Il semble que l'histoire des sciences est sur le point de se réécrire. Conjointement avec son collègue Noel Swerdlow, Neugebauer a réalisé une édition nouvelle et complète des travaux de Copernic après la découverte des résultats de Marāgha. Armés de ces nouvelles connaissances, le regard des historiens a profondément changé ; Neugebauer et Swerdlow ne voyaient plus *De Revolutionibus* comme une œuvre révolutionnaire mais plutôt évolutive. Le statut de Copernic est plus que jamais sur la sellette, remettant ainsi en cause la distinction radicale à laquelle il a été traditionnellement associé. L'idée généralement reçue fait de *De Revolutionibus* une coupure nette entre l'époque de l'Europe médiévale et la modernité étant donné qu'il contient des résultats significatifs qui font de son auteur le début de toute une révolution. Mais ces nouveaux anciens documents nous disent apparemment autre chose : l'idée généralement reçue sur la périodisation de la science, déjà contestée par Duhem, a besoin d'être revue et corrigée comme le suggère cette déclaration de Neugebauer : « dans toute l'acception du terme, on peut regarder Copernic, si ce n'est le dernier, sûrement comme le successeur le plus célèbre de l'école de Marāgha. » (1984, p. 47)

La tradition orientale des astronomes de Marāgha a donné raison à Duhem confirmant ainsi sa thèse et son approche à l'histoire des sciences. Et ce sont aux opposants de Duhem, qui ont toujours bénéficié de la présupposition critique selon laquelle les mathématiques de Copernic étaient de sa propre invention, d'expliquer, s'ils s'accrochent encore à leur affirmation, leur origine étant donné que l'on connaît aujourd'hui en détail comment les mathématiques ont été développées par la tradition arabe orientale.

2.6. La confirmation de la thèse de Duhem ignorée due à un échec de communication globale

Alors que la communauté scientifique croyait que l'auteur de *The Structure of Scientific Revolutions* a fermement établi une rupture définitive et sans précédent en histoire des sciences en inaugurant une nouvelle tradition dans l'interprétation des faits historiques, l'ironie est que les recherches surprenantes menées parallèlement sur l'astronomie arabe étaient exclues du champ de bataille épistémologique. Le paradoxe de l'histoire est que ces recherches, dont la publication était largement inconnue de la communauté scientifique, auraient pu changer le cours de l'histoire de l'histoire des sciences si la découverte des travaux de l'école de Marāgha n'avait pas été éclipsée par ce qui semblait être les grandes turbulences provoquées par la révolution khunienne. Mieux encore, les recherches sur l'astronomie arabe et médiévale auraient pu empêcher l'échec du dialogue entre les philosophes et les historiens si elles n'étaient pas marginalisées et isolées du reste des recherches dominantes en les confinant dans quelques centres spécialisés. Le traitement institutionnel des traditions arabes et médiévales résulte d'une attitude particulière de l'histoire des sciences et la domination d'une certaine conception du développement de la science depuis l'émergence de l'idée de la Révolution scientifique comprise comme une rupture complète avec le passé. Ce qui explique pourquoi il a fallu tout un siècle pour que la communauté scientifique apprécie pleinement, preuves tangibles à l'appui, la pertinence et la fécondité de l'approche adoptée par l'auteur du *Système du monde*. Ces travaux ont démontré que l'étude de la tradition arabe peut effectivement combler le fossé supposé par les historiens modernes comme étant un fait historique, plus précisément dans le cas de Copernic. L'intuition géniale de Duhem a été confirmée et corroborée par la disponibilité de nouveaux faits historiques qui démontrent que les changements que comporte l'ouvrage de Copernic remontent en fait à la tradition arabe qui a unanimement abandonné la tradition ptoléméenne cinq cents ans plutôt. Les travaux de l'école de Marāgha complètent ainsi ceux de Duhem dans la mesure où il s'est avéré que Copernic travaillait en fait sous l'influence de deux traditions arabes : la première, abondamment traitée par l'auteur du *Système du monde* est d'origine occidentale ; la seconde, qui a eu le plus grand impact sur les travaux de Copernic, est d'origine orientale. Après plus de cinquante ans de la découverte de celle-ci, il est malheureux de voir qu'elle n'a pas encore déclenché tout son impact sur le débat entre Duhem et ses opposants. A l'image d'une procédure judiciaire, la découverte de faits nouveaux importants devrait rouvrir le procès afin de tester à nouveau la vérité du verdict ; or il semble que la société savante est loin d'être aussi rationnelle que la société juridique. Fuller nous précise ici les raisons :

> « Durant les vingt dernières années, ... une nouvelle génération a fini par dominer l'histoire, la philosophie et la sociologie des sciences. Elle a pris la *Structure* comme le fondement incontestable de ses recherches – comme si les critiques formulées à l'origine n'ont jamais été faites. Kuhn n'a certainement jamais répondu à ces critiques, et la génération actuelle des études scientifiques est suffisamment attachée à la *Structure* sans vouloir les répondre. » (Fuller 2004, p. 24)

Une fois que sa doctrine a dominé, la communauté scientifique oublie le contexte de son succès, les arguments de ses opposants, les lacunes et les présupposés sur lesquels elle s'est fondée. Kuhn et ses supporters qui l'ont aidé à l'origine pour promouvoir, propager et populariser sa conception ne sont plus là pour répondre aux nouvelles questions soulevées par la découverte de la tradition arabe orientale. C'est pourquoi il est de la responsabilité de la génération post-kuhnienne de réviser l'issue de la controverse entre Duhem et Kuhn en rouvrant le procès afin de réparer les insuffisances de la génération de Kuhn, de rétablir les faits historiques et surtout d'examiner le problème délicat des études historiques. Fuller a déjà commencé ce processus en évaluant la fameuse controverse entre Kuhn et Popper du point de vue sociologique, sa conclusion : la « carrière de Kuhn et la réception de son travail fait état de la responsabilité d'un échec intellectuel à plusieurs niveaux, de laquelle on pourrait encore espérer se rétablir » (Fuller 2004, p. 10). Les nouveaux faits historiques devront permettre à la nouvelle génération de réussir là où ses prédécesseurs ont échoué. Le travail pionnier de Fuller est une étape importante vers la bonne direction.

Bibliographie

Castiglioni, A.: 1961, 'The medical School at Padua and the Renaissance of Medicine'. *Toward Modern Science: Studies in Renaissance Science*, R. M. Palter (ed.), vol. 2, pp. 48-66.

Duhem, P.: 1913-1965, *Le Système du monde: Histoire des doctrines cosmologiques de Platon à Copernic*, 10 volumes, Hermann, Paris.

Duhem, P.: 1994, *ΣΩZEIN TA ΦAINOMENA: Essai sur la notion de théorie physique*, Mathesis, Vrin, Paris.

Fuller, S.: 2004, *Kuhn vs. Popper: The Struggle for the Soul of Science*, Columbia University Press.

Kuhn, T. S.: 1957, *The Copernican Revolution: Planetary Astronomy in the Development of Western Thought*, Harvard University Press.

Kuhn, T. S.: 1962, *The Structure of Scientific Revolutions*, The University of Chicago Press, Chicago.

Lakatos, I.: 1978, 'Why Copernicus's programme superseded Ptolemy's'. *The Methodology of Scientific Research Programmes*, John Worrall and Gregory Currie (eds.), pp. 168-192.

Neugebauer, O. and Swerdlow, N. M.: 1984, *Mathematical Astronomy in Copernicus's De Revolutionibus*, 2 volumes, Springer-Verlag.

R. Rashed and R. Morélon, 1996, *an Encyclopedia of the History of Arabic Science*, 3 volumes, Routledge.

Saliba, G.: 1994, *A History of Arabic Astronomy, Planetary Theories during the Golden Age of Islam*, New York University Press, New York and London.

Swerdlow, N.: 1973, 'The derivation of the first draft of Copernicus's planetary theory: a translation of the Commentariolus with Commentary'. *Proceedings of the American Philosophical Society* **117**, no **6**: 423-512.

Tahiri, H.: 2008, 'The Birth of scientific controversies, the dynamics of the Arabic tradition and its impact on the development of science: Ibn al-Haytham's challenge of Ptolemy's Almagest'. *The Unity of Science in the Arabic tradition: Science, Logic. Epistemology and their Interactions*, in Shahid Rahman, Tony Street and Hassan Tahiri (eds.), pp. 183-225.

Wallace, W.: 1990, 'Duhem and Koyré on Domingo de Soto', *Synthesis*, **83**: 239-260.

www.ingramcontent.com/pod-product-compliance
Lightning Source LLC
Chambersburg PA
CBHW051101160426
43193CB00010B/1277